校企合作教材

机械三维数字化建模
JIXIE SANWEI SHUZIHUA JIANMO

主　编　王　超　肖加标
副主编　孙秀茹　秦春彬　张德军
　　　　刘春兴　祝贞凤　孙海超
　　　　孙雪林　刘万华　郝明轩

中国地质大学出版社
ZHONGGUO DIZHI DAXUE CHUBANSHE

图书在版编目(CIP)数据

机械三维数字化建模/王超,肖加标主编;孙秀茹等副主编.—武汉:中国地质大学出版社,
2024.11.—ISBN 978-7-5625-6016-6

Ⅰ.TH122

中国国家版本馆 CIP 数据核字第 20246KN053 号

机械三维数字化建模		王　超　　　肖加标 **主　编**
		孙秀茹　秦春彬　张德军 **副主编**
		刘春兴　祝贞凤　孙海超
		孙雪林　刘万华　郝明轩

责任编辑:杨　念	选题策划:杨　念	责任校对:宋巧娥
出版发行:中国地质大学出版社(武汉市洪山区鲁磨路388号)		邮编:430074
电　　话:(027)67883511	传　　真:(027)67883580	E-mail:cbb@cug.edu.cn
经　　销:全国新华书店		http://cugp.cug.edu.cn
开本:787 毫米×1092 毫米　1/16	字数:121 千字	印张:6.5
版次:2024 年 11 月第 1 版	印次:2024 年 11 月第 1 次印刷	
印刷:武汉邮科印务有限公司		
ISBN 978-7-5625-6016-6		定价:35.00 元

如有印装质量问题请与印刷厂联系调换

前　言

"机械三维数字化建模"课程是装备制造类专业核心课程,旨在培养学生适应产业数字化发展需求的基本技能,以三维数字化建模软件 NX 为基础,以对企业典型零件产品数字化表达与创新设计为主线,围绕机械工程师岗位职业能力需求,培养学生掌握装备制造领域数字化技能。本课程适用于机械设计与制造专业、机电一体化专业和工业机器人专业。本课程深化校企合作,并融入"机械产品三维模型设计"1+X 职业技能等级证书标准,培养学生的综合素养和实际应用技能。

编者首先对岗位工作任务进行了深入分析,并结合实际的工作流程以及所需的知识和技能,采用项目驱动与工作过程导向相结合的编写方法,系统地介绍了 NX 软件的各项功能,并通过万向轮和带轮座等实践项目,将这些功能融入具体应用场景,帮助学生在实践中掌握操作技能。通过这些项目,学生不仅能够学会机械零件的三维建模和装配,还能够在工作过程中建立起对机械产品设计的整体认识。

本书由烟台黄金职业学院王超、肖加标担任主编,负责教材大纲制订,内容设计,项目 1、项目 2 的编写以及全书的统稿和修订工作;烟台黄金职业学院孙秀茹、秦春彬负责项目 3、项目 4 的编写;烟台黄金职业学院祝贞凤、孙海超负责项目 5 的编写;烟台黄金职业学院孙雪林、刘万华、郝明轩负责项目 6 的编写以及全书图表的绘制工作。招金矿业股份有限公司张德军以及丰宁金龙黄金工业有限公司刘春兴参与合作编写项目 3、项目 4、项目 5,同时为教材提供大量企业案例支撑。

本书编写时充分考虑了读者的阅读习惯,语言简洁明了,讲解深入浅出,条理分明,图文并茂;内容全面,涵盖机械设计中二维草图、三维建模以及装配过程;范例丰富,对软件中的主要命令和功能,既有简单范例的讲解,又有较复杂的综合范例。

本书在编写过程中得到招金矿业股份有限公司以及丰宁金龙黄金工业有限公司的大力支持,在此表示诚挚感谢。囿于编者水平有限,书中难免存在不妥之处,恳请读者予以批评指正!

编者
2024 年 6 月

目 录

项目 1　软件介绍 ··· (1)
　1.1　NX 概述 ·· (1)
　1.2　NX 软件基本操作 ··· (2)
　1.3　用户界面定制 ··· (5)
　1.4　常用快捷操作 ··· (9)

项目 2　二维草图 ·· (11)
　2.1　二维草图概述 ··· (11)
　2.2　二维草图基本操作 ··· (13)
　2.3　案例实施 ·· (18)
　2.4　综合练习 ·· (23)

项目 3　三维建模 ·· (25)
　3.1　三维建模概述 ··· (25)
　3.2　三维建模基本操作 ··· (28)
　3.3　案例实施 ·· (35)
　3.4　综合练习 ·· (45)

项目 4　实体装配 ·· (47)
　4.1　实体装配概述 ··· (47)
　4.2　实体装配基本操作 ··· (50)
　4.3　案例实施 ·· (53)
　4.4　综合练习 ·· (58)

项目 5　综合案例一 ·· (61)
　5.1　案例分析 ·· (61)
　5.2　案例实施 ·· (62)
　5.3　综合练习 ·· (74)

项目 6　综合案例二 ·· (77)
　6.1　案例分析 ·· (77)
　6.2　案例实施 ·· (78)
　6.3　综合练习 ·· (96)

主要参考文献 ·· (98)

项目1 软件介绍

NX(原名 Unigraphics)是由西门子开发的集 CAD(设计)/CAE(分析)/CAM(制造)一体化的三维参数化软件,是当前世界先进的计算机辅助设计、分析和制造软件,广泛应用于造船、汽车、航空航天、通用机械和电子等工业领域。

1.1 NX 概述

1.1.1 NX 简介

NX 通常是一款集成的计算机辅助设计、制造和仿真软件。NX 在产品设计、工程和制造方面提供了广泛的应用,它常用于各种行业。以下是 NX 的一些主要功能。

三维建模:NX 提供强大的三维建模功能,包括实体建模、曲面建模和参数化建模,适用于复杂的几何设计。

装配设计:支持大规模装配设计和管理,可以处理数千个组件的复杂装配体。

工程图生成:自动生成详细的工程图纸,包括视图、剖面图和标注,生成的工程图符合各种国际国内标准。

仿真和分析:包括运动仿真、有限元分析(FEA)、热分析等功能,用于验证和优化设计。

制造:提供全面的 CAM 功能,包括数控加工、数控编程、刀具路径生成等,用于生产制造。

数据管理:集成了产品数据管理(PDM)系统,帮助用户有效管理设计数据并实现版本控制。

用户自定义:支持用户定制界面和功能,以提高工作效率。

1.1.2 NX 发展

NX 始于 1963 年,当时 United Computing 公司成立并开始开发基于计算机的工程软件。1969 年,美国 United Computing 推出了世界上第一个用于数控编程的计算机辅助制造软件 UniAPT。1976 年,United Computing 发布 Unigraphics,转变为全面的 CAD/CAM 解决方案。1983 年,United Computing 发布了增强三维建模和装配设计功能的 Unigraphics Ⅱ。1991 年,麦道公司(McDonnell Douglas,现波音公司的一部分)收购了 Unigraphics,使其在航空航天和汽车行业的应用得到了进一步推动。

随着 1992 年美国电子数据系统公司(EDS)从 McDonnell Douglas 手中收购 Unigraphics,并在 1996 年收购 Intergraph 的工程解决方案业务,NX 的基础得以巩固。2000 年,Unigraphics Solutions 与 SDRC 合并,形成了 UGS,并于 2002 年发布 NX,将 Unigraphics 和 I-DEAS 功能整合到一个统一的平台上。2007 年,西门子(Siemens)收购 UGS,形成了 Siemens PLM Software,并发布 NX 6,增加了同步建模功能,提高了设计效率和灵活性。2012 年发布的 NX 8 进一步增强了同步建模、仿真和制造功能,推动了基于模型的系统工程(MBSE)的发展。

在此后的几年里,NX 继续改进。2017 年发布的 NX 12 加入了对增材制造(3D 打印)的支持,并增强了云计算和大数据分析功能。2019 年发布的 NX 1847 推出了连续更新模式,实现了更频繁和及时的软件更新。2021 年发布的 NX 1980 增强了 AI 和机器学习功能,提高了设计自动化和智能化水平。最新的 NX 2206 于 2023 年发布,推出了增强的 AR/VR 功能和数字孪生技术。未来,NX 将在云计算、人工智能、物联网和数字孪生技术等前沿领域继续创新,为制造业提供更加智能化和高效的解决方案。

1.2 NX 软件基本操作

1.2.1 软件启动

可以通过以下几种方式在 Windows 平台上启动 Siemens NX,进入 NX 初始界面(图 1-1)。

1. 使用"开始"菜单启动

点击 Windows 任务栏上的"开始"按钮。选择"程序"或"所有程序"。找到并点击"Siemens NX"文件夹。点击"NX 命令"以启动 NX 软件。

2. 使用桌面快捷方式启动

在桌面上找到 Siemens NX 的快捷方式图标 。双击该快捷方式图标,即可启动 NX 软件。

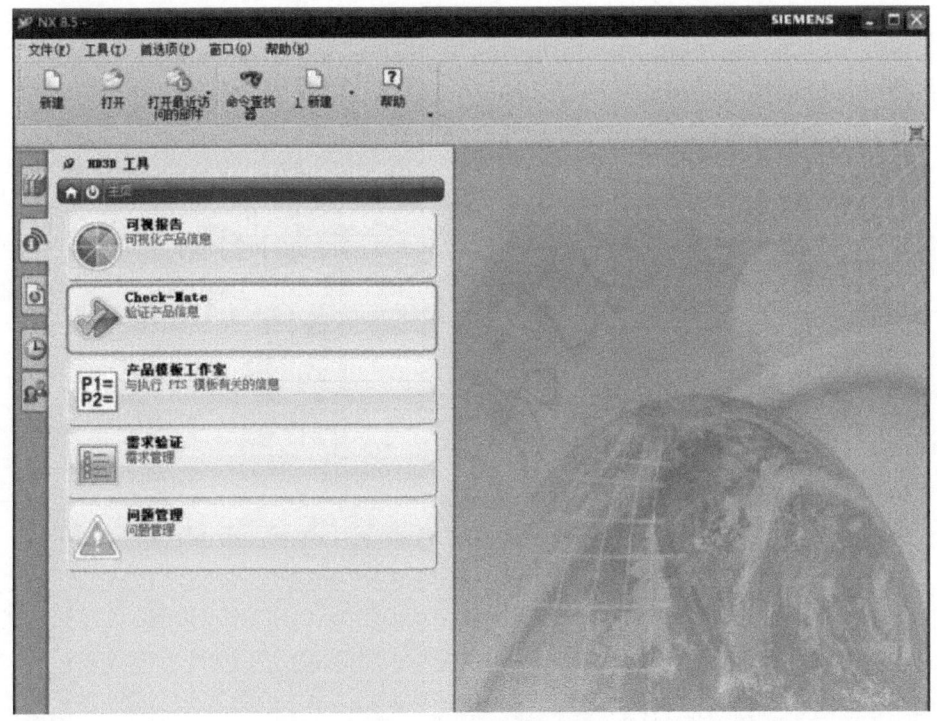

图 1-1　NX 初始界面

3. 通过部件文件启动

找到任意一个带有.prt 扩展名的 NX 文件。双击该.prt 文件，系统会自动启动 NX 软件并加载该文件。

1.2.2　文件操作

1. 新建文件

在启动 NX 后，可以通过以下两种方式新建文件：
（1）使用"文件"选项卡：点击"文件"选项卡，然后选择"新建"命令。
（2）快捷命令按钮：直接点击工具栏中的"新建"按钮。
这将弹出"新建"对话框，如图 1-2 所示。

知识链接

新建文件时，应注意以下几点：
单位选择：选择新建零件的单位为 mm 或 in(1in＝25.4mm)。
文件名和保存路径：确保文件名不包含/、?、* 等非法字符。
文件扩展名：NX 文件的扩展名为.prt。

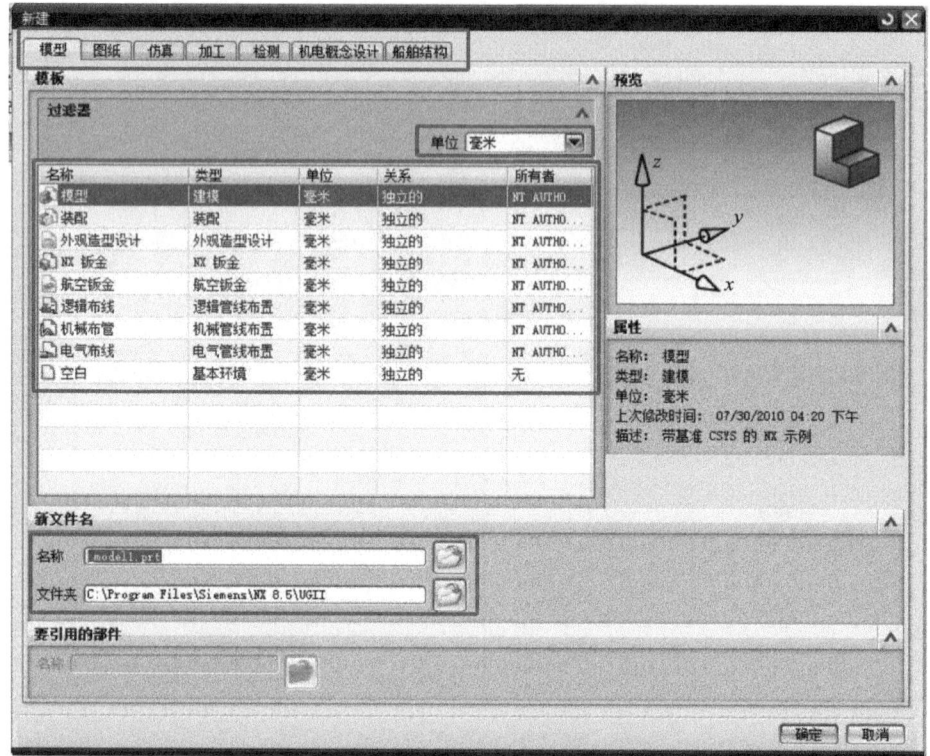

图1-2 "新建"对话框

2. 打开文件

NX 提供了多种方法来打开文件：

文件菜单：通过"文件"选项卡选择"打开"命令，可以打开 NX 文件，或者将其他 CAD/CAM 产品的兼容性文件作为.prt 文件打开。

历史记录资源板：利用资源条上的历史记录资源板，可以快速访问并打开曾经打开过的 NX 部件文件。

最近打开的部件列表：使用最近打开的部件列表，可以快速打开之前在 NX 中打开过的部件文件。

 知识链接

NX 允许同时打开多个文件进行编辑，但绘图窗口中只能显示一个活动文件。要切换活动文件，可以直接点击文件名，或在快速访问工具条"窗口"下拉菜单中选择文件。

3. 保存文件

NX 支持多种保存现有文件的方法：

保存:使用"文件"选项卡中的"保存"命令,可以快速保存当前工作文件。建议在操作过程中经常保存文件,以防止系统或计算机故障导致数据丢失。

另存为:使用"文件"选项卡中的"另存为"命令,可以将文件副本保存到其他目录,或将文件副本保存到当前目录并更换文件名。

保存所有文件:使用"文件"选项卡中的"保存所有"命令,可以快速保存当前所有打开的文件。

4. 关闭文件和退出 NX

NX 提供多种关闭文件的方法(在"文件"选项卡中选择"关闭"命令可以看到以下选项):

选定的部件:在"关闭部件"对话框中选择要关闭的文件。这通常用于同时编辑多个文件的情况。

所有部件:关闭所有文件,并返回到初始界面。

保存并关闭:使用当前文件名和位置保存并关闭显示的文件。

另存为并关闭:将当前文件更换名称后保存并关闭。

全部保存并关闭:保存并关闭所有文件,并返回到初始界面。

全部保存并退出:保存所有文件并退出 NX 系统。

要退出 NX,可以选择以下方法:

文件菜单退出:通过"文件"选项卡选择"退出"命令。如果没有修改文件,则 NX 会话结束。如果已修改文件但未保存,会显示警告消息,提示用户在退出前保存更改。单击"是-保存并退出"按钮以保存并退出。

右上角关闭按钮:点击 NX 窗口右上角的关闭按钮。

1.3 用户界面定制

1.3.1 用户界面描述

NX 在新建之后,可以分为 7 个区域(图 1-3),各区域功能介绍见表 1-1。

NX 的用户界面设计初衷旨在提高用户的工作效率和操作体验。各功能区域可以按个人操作习惯及要求进行不同模块的切换,但是用户界面的基本框架形式大致相同。

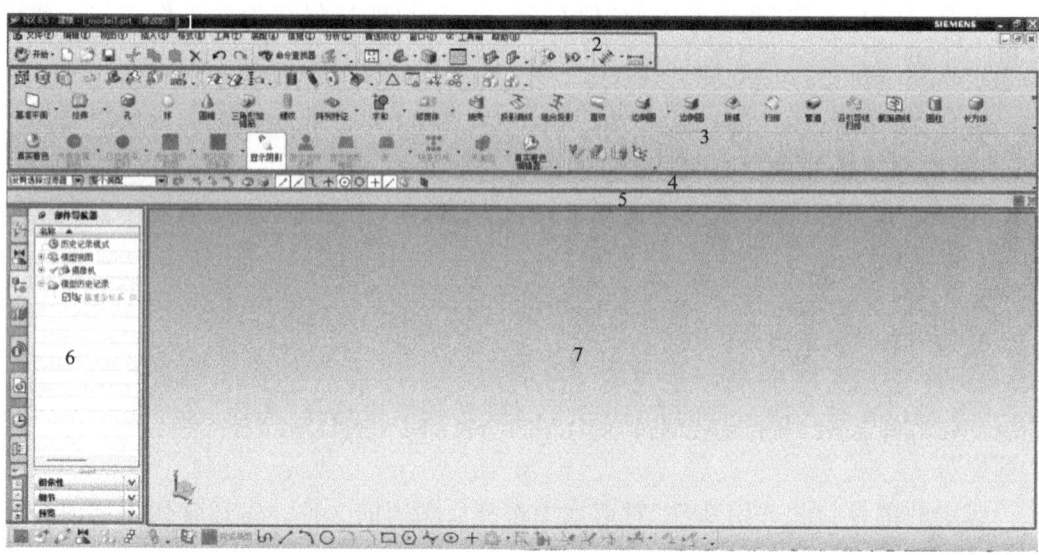

图1-3 绘图工作界面

表1-1 各区域功能介绍

编号	名称	功能
1	标题栏	显示程序名称、功能模块及文件名;可最小化、最大化和关闭窗口
2	快速访问工具条	执行保存、撤销、修剪、复制、粘贴等功能;可自定义显示按钮
3	功能区	选项卡分类存放工具按钮;切换显示工具;右键可添加/隐藏选项和工具按钮
4	上边框条	由"菜单""选择""视图""实用工具"组成
5	导航器和资源条	包括装配导航器、部件导航器、历史记录窗口;右键快速操作
6	提示行/状态行	显示当前操作、状态及相关提示信息;引导用户操作
7	绘图区	主要工作区域;进行零件设计、装配体设计、工程图设计等操作

1.3.2 用户界面定制

在 NX 中,通过定制用户界面(图 1-4),可以显著提升用户操作效率和用户体验。

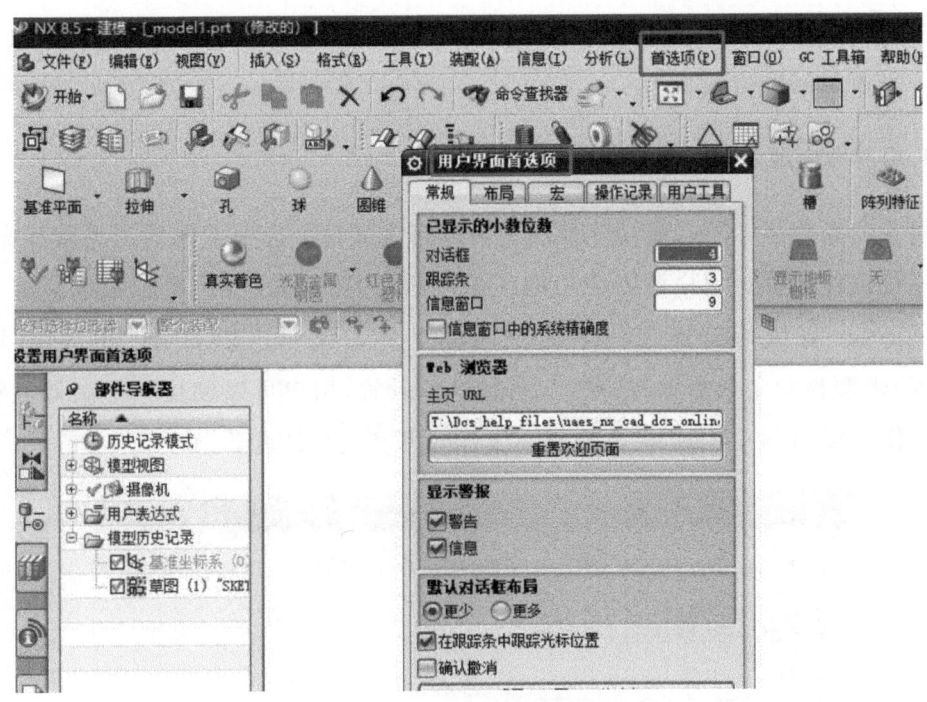

图 1-4 "用户界面首选项"对话框

1. 首选项设置

用户可以通过"文件"菜单中的"首选项"设置来调整软件界面布局和行为,包括选择布局、主题以及保存布局等。建议初学者不选"窄功能区样式"复选框,以获得命令的文字解释;老用户可以设置"主题"为"经典",以恢复旧版界面风格。此外,确保"退出时保存布局"复选框为选中状态,这样系统会保存对用户界面的所有修改。

2. 角色定制

角色定制功能允许用户为不同任务创建专用界面配置,并在资源条的"角色"选项卡中快速切换。用户可以选择现有角色(如"基本功能"或"高级"角色),或创建自定义角色,并配置工具栏、菜单和快捷键以满足任务需求。这样用户可以根据不同工作任务快速切换界面,保持高效工作。

3. 功能区选项卡

功能区选项卡的定制让用户能快速访问常用工具,并保持界面的简洁和清晰。用户可以右键单击功能区空白处显示或隐藏选项卡,并调整其顺序。在"自定义功能区"对话框中,通过拖动选项卡名称可以轻松调整其顺序,确保最常用的选项卡始终处于易于访问的位置。

4. 组与命令显示及隐藏

组与命令的显示及隐藏功能使用户可以自定义每个选项卡中的工具组和命令,从而优化工作流程。用户可以在功能区最右侧的"功能区选项"菜单中选择要显示或隐藏的组,将鼠标悬停在任一命令图标上并右键单击以打开"定制"对话框(图 1-5)来调整命令的显示与位置。通过这些设置,用户可以创建一个高效且符合个人工作习惯的 NX 界面,极大地提高工作效率和使用体验。

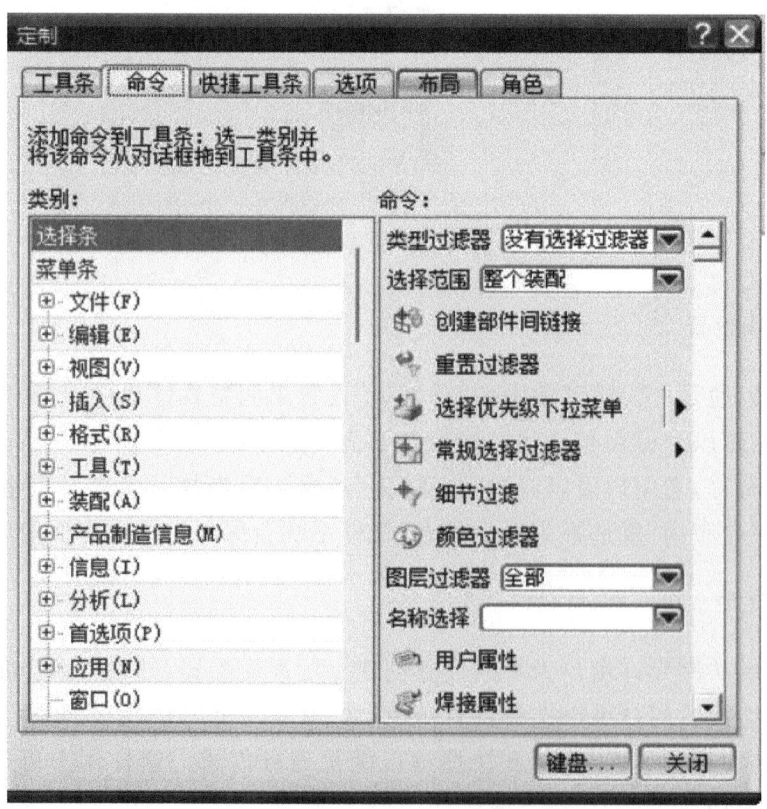

图 1-5 "定制"对话框

1.4 常用快捷操作

1.4.1 基本鼠标操作

鼠标在 NX 中有几种基本操作方式：选择命令、选取模型几何元素以及控制图形区域中模型的缩放、移动和旋转。这些操作仅影响模型的显示状态，不会改变模型的真实大小或位置。

● 按住鼠标中键并移动鼠标可以旋转模型。
● 按住 Shift 键再按住鼠标中键并移动鼠标可以平移模型。
● 滚动鼠标中键滚轮，向前滚动可以放大模型，向后滚动可以缩小模型。

在早期的版本中，鼠标中键滚轮的操作可能与现在相反。如果需要更改缩放操作方式，可以通过以下步骤进行：

（1）选择下拉菜单中的"文件"命令，选择"实用工具"，打开"用户默认设置"，弹出如图 1-6 所示对话框。

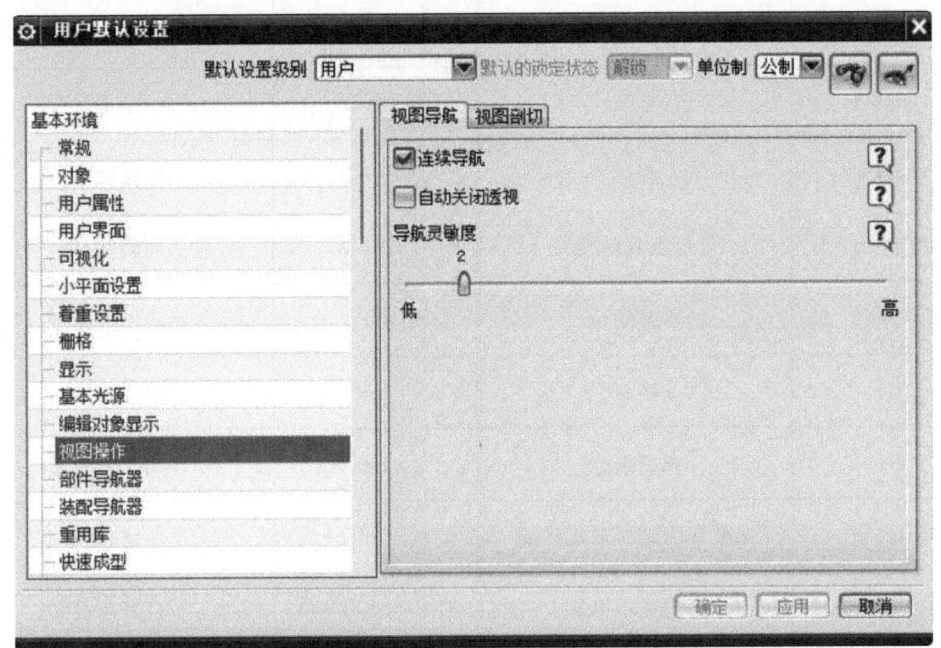

图 1-6 "用户默认设置"对话框

（2）在对话框左侧选择"基本环境"选项，单击"视图操作"选项，在右侧选项卡中选择合适的操作方式。

（3）完成设置后，重新启动软件以使更改生效。

1.4.2 常用快捷键

在NX中,除了通过鼠标操作外,还可以利用键盘快捷键来执行各种操作。使用快捷键不仅可以显著提高工作效率,还能增强用户对软件的掌控能力。在NX界面中,常用的快捷键及其功能可以在下拉菜单命令右侧找到并查看。常用快捷键及功能见表1-2。

表1-2 常用快捷键及功能

快捷键	功能	快捷键	功能
Ctrl+N	创建一个新文件	Ctrl+O	打开现有的文件
Ctrl+S	保存文件	Ctrl+Shift+A	另存当前文件
Ctrl+P	打印当前文件	Ctrl+Z	撤销上一步操作
Ctrl+Y	重做上一步操作	Ctrl+J	编辑对象属性
Ctrl+X	剪切	Ctrl+C	复制
Ctrl+V	粘贴	Ctrl+A	全选
Ctrl+B	粗体	Ctrl+T	字体对齐
Ctrl+Shift+B	显示隐藏的项目	Ctrl+W	显示和隐藏标签页
Ctrl+Shift+U	合并显示	F4	显示上一命令
F5	刷新	F6	视图复位
F7	视图选择	F8	自动对齐视图
Ctrl+F	调整视图到所显示区域	Ctrl+Shift+N	新建布局
Ctrl+Shift+H	隐藏显示区域	Ctrl+Shift+O	打开布局
Ctrl+L	层选择	Ctrl+M	切换到全屏模式
Ctrl+I	索引选择	Ctrl+Shift+D	切换到双屏模式
Ctrl+Alt+M	切换到3D工具模式	Ctrl+E	切换到表达式模式

项目 2　二维草图

二维草图在工程设计中扮演着重要的角色,它是驻留于指定平面的二维曲线和点的集合,通过这些曲线和点的排列,工程师和设计师可以创建出复杂的三维实体模型或曲面模型。在使用 NX 进行草图绘制时,熟练掌握其绘制、约束和编辑功能是掌握后续实体建模和曲面建模技能的关键一步。

2.1　二维草图概述

2.1.1　二维草图简介

NX 二维草图功能在 CAD 设计中扮演着至关重要的角色,为工程师和设计师提供了创建和定义几何形状的关键工具。二维草图是一组轮廓曲线的集合,用于描述二维形状和特征,这些特征可以进一步用于创建三维实体或片体模型。二维草图的基本绘图工具包括直线、圆弧、矩形和椭圆等,用户可以利用这些工具在平面上绘制各种几何形状。

在 NX 中,二维草图不仅仅是静态形状的表达方式,更是一个动态的设计工具。通过添加约束和尺寸,用户可以精确地控制二维草图的几何关系,如距离、角度、对称等,从而确保设计的精确性和一致性。二维草图中的每一条线和每一个点都可以被约束,使得用户能够快速、准确地调整和修改二维草图,而不必担心破坏设计的整体一致性。二维草图的特性还包括全参数化的能力,这意味着用户可以定义和调整参数,如尺寸、角度或其他几何条件,而不必重新创建整个设计。这种参数化的设计方法极大地提高了设计的灵活性和效率,使得用户可以快速响应设计变更或优化需求,从而节省时间和成本。

NX 二维草图功能与其创建的特征是密切关联的。任何对二维草图的修改都会直接影响到由二维草图创建的三维模型特征。例如,修改二维草图的尺寸或几何约束可以自动更新相关的三维特征,确保整个设计保持一致性和精确度。二维草图在制造过程中也起到了重要作用。二维草图可以导出为各种格式,如 DXF 或 DWG,用于生成技术文档或直接用于数控机床的控制程序。这种无缝的集成性使得 NX 不仅仅是一个设计工具,更是整个产品生命周期中不可或缺的一部分。

2.1.2 二维草图绘制总体步骤

二维草图的绘制总体步骤如下。

1. 启动二维草图命令

首先,单击软件界面上的"主页"选项卡,然后找到"构造"组,点击"草图"命令图标。这一步骤将启动二维草图命令,为创建新的二维草图做好准备。

2. 选择二维草图平面

在二维草图命令启动后,需要选择一个现有的二维草图平面或者创建一个新的二维草图平面。定义二维草图平面的选择和方向非常关键,它将直接影响到二维草图的后续操作和几何元素的布置。

3. 进入二维草图环境

一旦选择了二维草图平面并确定了二维草图方向及原点,即可进入二维草图环境。在这个环境中,可以开始绘制二维草图并进行后续的编辑和调整。

4. 二维草图首选项设置(可选)

在开始绘制之前,建议检查和修改"草图首选项"参数设置,这些设置可以根据用户习惯和项目需求进行调整,包括二维草图线型、颜色、约束类型等。

5. 建立二维草图

使用二维草图曲线和编辑命令开始建立二维草图。根据设计需求,绘制出所需的几何形状和轮廓。

6. 约束和尺寸设置

在二维草图绘制过程中,添加几何约束和尺寸约束非常重要,这些约束可以帮助确保二维草图的准确性和稳定性,使其完全被约束。

7. 完成二维草图

当二维草图绘制完成并且所有必要的约束和尺寸已经添加后,单击"主页"选项卡中的"草图"组,然后点击"完成"命令图标。这一步骤可以退出二维草图环境并保存用户所做的二维草图工作。

2.2 二维草图基本操作

2.2.1 创建二维草图

1. 确定二维草图平面与基准选择

在创建二维草图的过程中,首先需要明确二维草图平面的选择,这将直接影响到后续绘制的方向和准确性。根据图形的特性,可以选择主要圆的圆心或对称线的交点作为绘制基准点,稍微复杂的图形则需要根据尺寸标注起始点来确定,以确保二维草图的起始位置准确无误(图 2-1)。

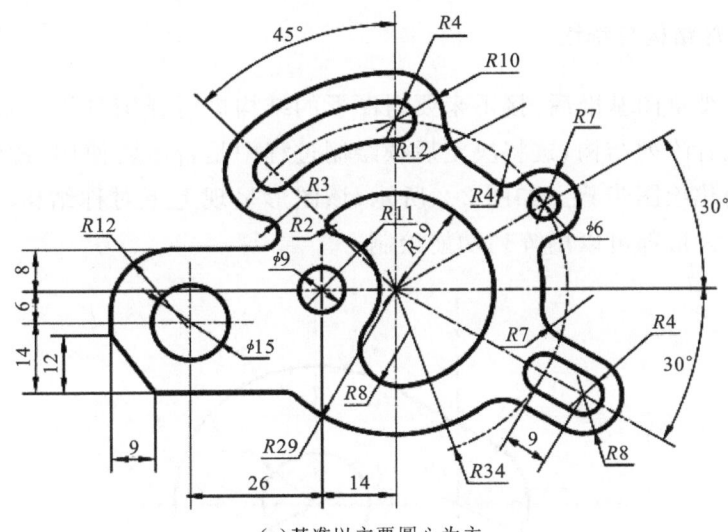

(a)基准以主要圆心为主

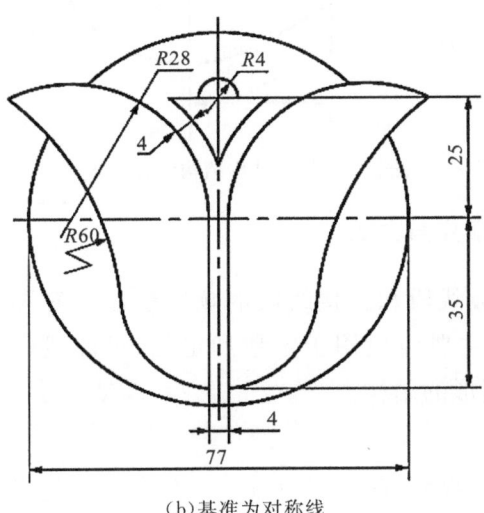

(b)基准为对称线

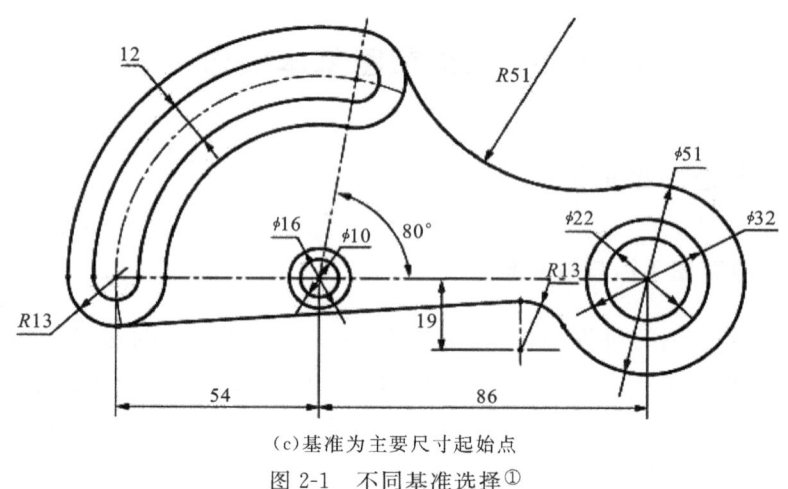

(c)基准为主要尺寸起始点

图 2-1　不同基准选择①

2. 分析图形结构与特性

在确定二维草图基准后,接下来要对图形的结构进行详细分析。判断图形是否具有对称性或者阵列结构,这将决定后续绘制过程中是否需要使用"镜像"命令或者阵列功能来简化绘图步骤。如图 2-2 所示,该图形呈现上下对称结构。如图 2-3 所示,圆、椭圆及齿形都可以用阵列功能绘制。

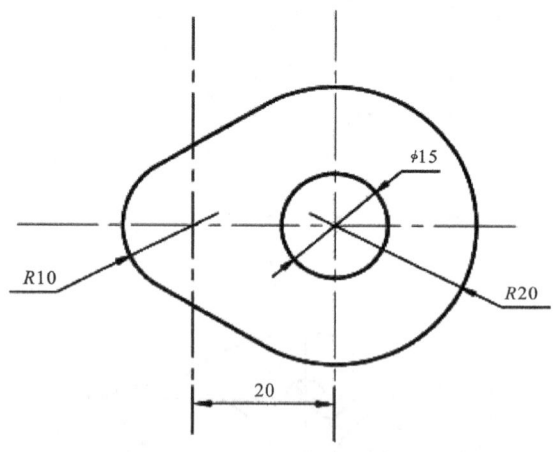

图 2-2　上下对称结构镜像绘制

3. 绘制轮廓图形的顺序与方式

按照主要线段、过渡线段和连接线段的顺序绘制轮廓图形,各轮廓线段的作用及特点如表 2-1 所示。主要线段用于定形和定位,过渡线段用于衔接不同部分,连接线段用于完善整体图形的结构。

---

① 本书图中标注尺寸单位均为 mm。

项目 2 二维草图

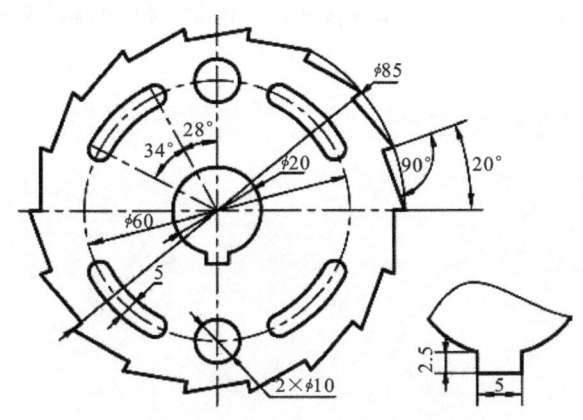

图 2-3 圆、椭圆及齿形可以用阵列功能绘制

表 2-1 主要轮廓线段作用

名称	作用	特点
主要线段	定形和定位	主要线段在图形中具有明确的定形和定位作用,其尺寸完全确定
过渡线段	定位	过渡线段在图形中主要用于定位,其中一个尺寸由相邻已知线段确定,另一个尺寸是完全确定的
连接线段	定形	连接线段仅具有定形尺寸的作用,主要用于连接已知线段和中间线段

4. 添加几何与尺寸约束

在二维草图绘制过程中,添加几何约束,如相交、平行、垂直以及尺寸约束(如长度、直径等),以确保图形的形状和位置符合设计要求。这些约束是保证二维草图准确性的关键步骤。

5. 完善细节与最终调整

最后,对绘制完成的二维草图进行细节编辑。包括添加倒角、调整尺寸标注的位置和字体大小等,确保二维草图在视觉上整洁清晰,同时保证设计信息的准确表达。

2.2.2 二维草图命令

进入二维草图环境中,二维草图工具条中的按钮根据其功能可分为"绘制""约束"和"编辑"。二维草图界面如图 2-4 所示。"绘制"和"编辑"常用命令及功能如表 2-2 所示。

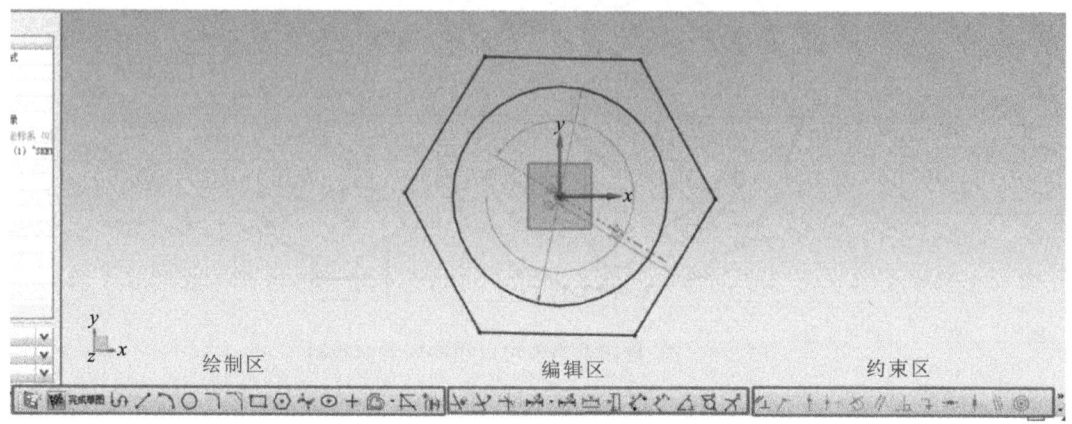

图 2-4　二维草图界面

表 2-2　"绘制"和"编辑"常用命令及功能

名称	图标	作用	快捷键
轮廓		创建相连的直线或线串模式圆弧	Z
矩形		绘制矩形	R
直线		绘制直线	L
圆弧		绘制圆弧	A
圆		绘制圆	C
圆角		在两曲线间创建圆角	F
倒斜角		在两曲线间创建倒斜角	
快速修剪		将曲线修剪至最近交点或边界	T
快速延伸		延伸曲线到最近边界	E
创建拐角		延伸或修剪曲线创建拐角	

续表 2-2

名称	图标	作用	快捷键
多边形		绘制多边形	P
艺术样条		创建样条曲线	
椭圆		创建椭圆	S
点		绘制点	
偏置曲线		偏置二维草图平面上的曲线	
派生直线	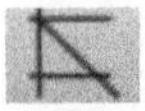	从已存在直线中复制新直线	
投影曲线		将曲线或点投影到二维草图上	
阵列曲线	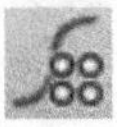	阵列二维草图上的曲线	
镜像曲线		创建曲线的镜像图样	

几何约束是确保二维草图中各个几何元素保持特定相对位置或关系的关键工具。这些约束不仅帮助用户精确地定义和调整二维草图的形状与尺寸,还确保了设计的几何元素符合预期的工程要求。NX 提供了多种类型的几何约束,涵盖了从基本的水平、垂直到复杂的对齐、等长和切线等各种约束类型,使设计过程更加精确和高效。

常用二维草图约束命令及功能见表 2-3。

表 2-3 常用二维草图约束命令及功能

名称	图标	作用
重合		约束选定的两个或多个顶点或点,使之重合
点在曲线上		约束选定的一个顶点或点,使之位于一条曲线上

续表 2-3

名称	图标	作用
相切		约束选中的两个对象,使之相切
平行		约束选定的两条或多条直线,使之平行
垂直		约束选定的两条直线,使之垂直
水平		约束选定的一条或多条直线,使之水平
竖直中	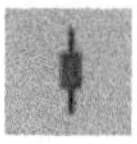	约束选定的一条或多条直线,使之竖直
中点		约束选定的一个顶点或点,使之与一条线段或圆弧的中点对齐
共线		约束选定的两条或多条直线,使之共线
同心		约束选定的两条或多条曲线,使之同心
等长		约束选定的两条或多条直线,使之等长
等半径		约束选定的两条或多条曲线,使之等半径

2.3 案例实施

2.3.1 案例分析

本节主要使用止动垫片进行二维草图绘制。如图 2-5 所示,该止动垫片是一个单一厚度的零件,其厚度为 2mm。该零件的外形特征是直径 28mm 的圆,圆的中心到左侧距离是 26mm,左侧宽度是 15mm 的矩形结构,中间有一个直径 17mm 的通孔。二维草图特征是在选定的一个平面上绘制零件所需要的投影视图,为拉伸、回转等特征绘制边界或截面。

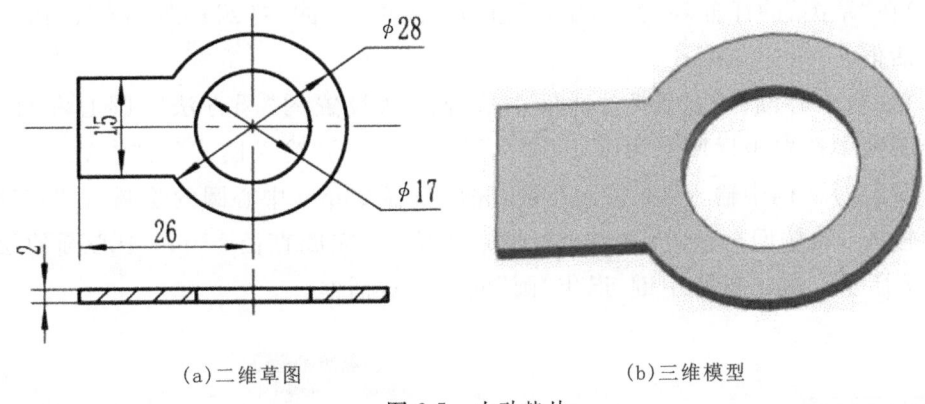

(a) 二维草图　　　　　　　　(b) 三维模型

图 2-5　止动垫片

2.3.2　实施过程

1. 创建模型文件

按 Ctrl＋N 快捷键，在"新建"窗口中，选择文件类型为"模型"；输入文件名称"Zhi dong dian pian"；选择文件保存路径；单击"确定"按钮。

2. 创建草图特征

(1) 单击"主页"选项卡"直接草图"组中的"草图"按钮，弹出"创建草图"对话框。"创建草图"对话框可以选择或自定义基准平面(图 2-6)。

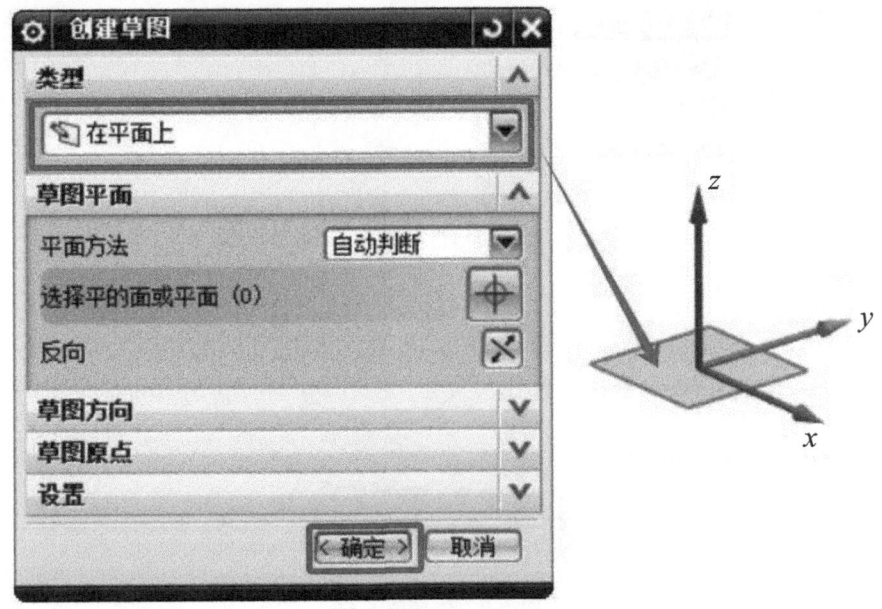

图 2-6　创建草图基准平面

(2)在"草图"的任务环境下,单击"主页"选项卡"曲线"组中的"圆"按钮,弹出"圆"对话框。

(3)绘制中心圆。在"圆"对话框中选择默认设置的"圆方法"(圆心和直径定圆),绘图区中选取坐标原点为圆心;移动鼠标,默认的"输入模式"为"参数模式",然后在"直径"对话框中输入28,按回车键,完成直径28mm中心圆的绘制;在"直径"对话框中输入17,按回车键,再选取坐标原点为圆心,完成直径17mm中心圆的绘制,如图2-7所示。单击鼠标中键,退出"圆"的命令对话框。

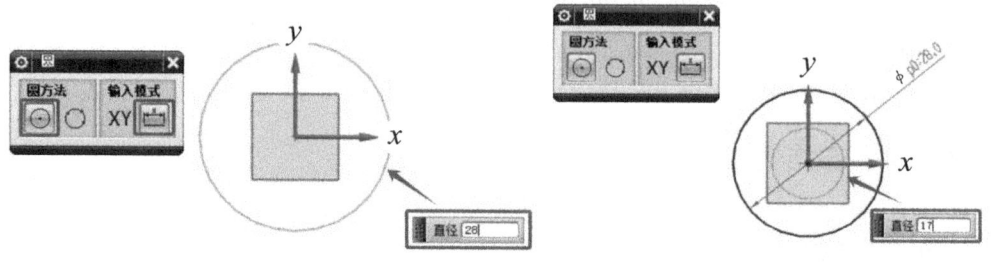

图2-7 绘制中心圆

(4)单击"主页"选项卡"曲线"组中的"直线"按钮,弹出"直线"对话框。

(5)绘制直线。在"直线"对话框中选择默认的"坐标模式",在左上侧圆外侧任选一个点;向下移动鼠标,出现竖直的箭头符号;在"长度"对话框中输入15,按回车键;切换到"角度"栏,在"角度"对话框中选择默认的270,再按回车键,完成直线的绘制,如图2-8所示。

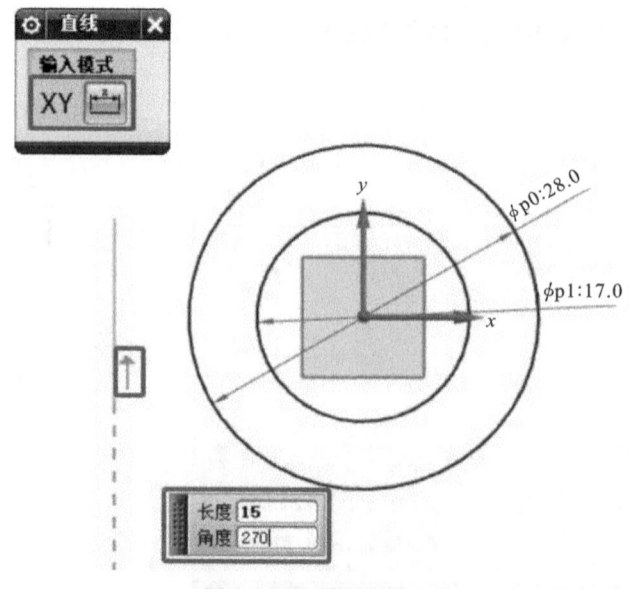

图2-8 绘制竖直线

(6)继续绘制直线。单击选择竖直线的上端点,水平移动鼠标到圆弧上,出现点的符号;单击鼠标左键,完成一条直线的绘制。重复上一步骤,完成底部直线的绘制,如图 2-9 所示。

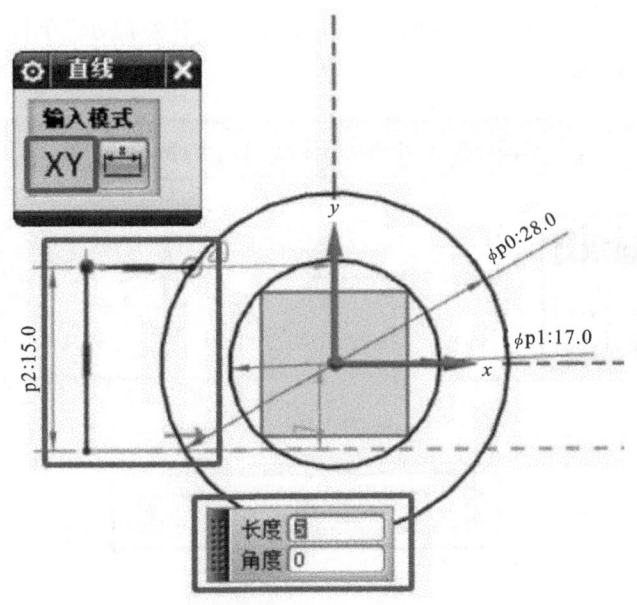

图 2-9　绘制水平直线

(7)增加"等长"的约束。在功能区中,单击"主页"选项卡"直接草图"组中的"更多"按钮,在弹出的下拉列表中单击"草图约束"栏中的"几何约束"按钮。在弹出的"几何约束"对话框中,单击"等长"按钮,选择绘图区中的一条水平直线,单击鼠标中键,再选择另一条水平直线,完成两条直线"等长"的约束,如图 2-10 所示。之后关闭"几何约束"对话框。

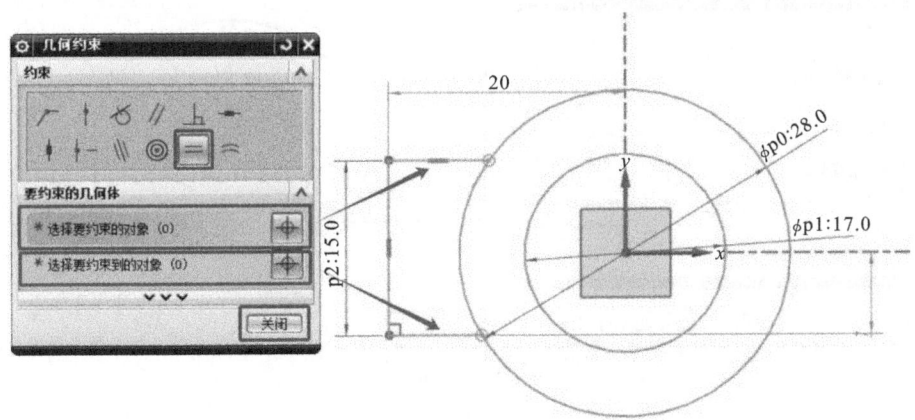

图 2-10　约束水平直线等长

(8)标注"26"尺寸值。单击"直接草图"组中的"自动判断尺寸"图标,在弹出的"快速尺寸"对话框"参考"栏中设置默认。分别选择绘图区中的竖直线和 y 轴,生成水平尺寸。向下移动鼠标,在空白处单击鼠标左键,并输入数值 26,完成"26"尺寸值的标注,如图 2-11 所示。此时,底部"状态行"中会提示"草图已完全约束"。关闭"快速尺寸"对话框。

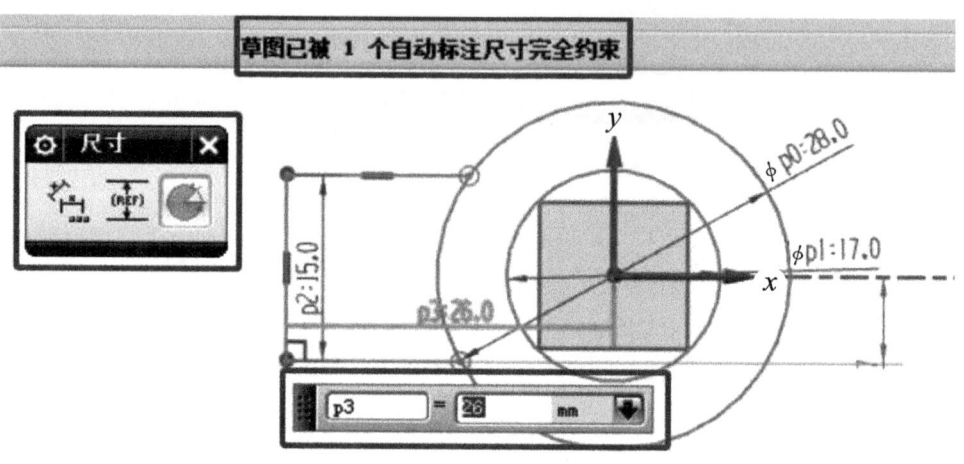

图 2-11　标注尺寸

(9)修剪曲线。单击"草图曲线"组中的"快速直线"按钮,弹出"快速修剪"对话框。在绘图区中单击要修剪的圆弧;单击鼠标中键,关闭"快速修剪"对话框。单击"直接草图"组中的"完成草图"按钮(快捷键 Ctrl+Q),完成二维草图的绘制,如图 2-12 所示。

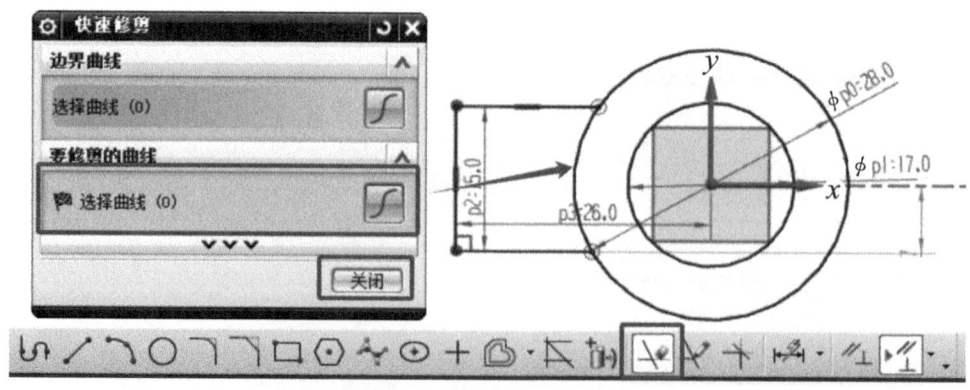

图 2-12　修剪曲线

2.4 综合练习

请根据图 2-13 中图纸尺寸进行二维草图构图。

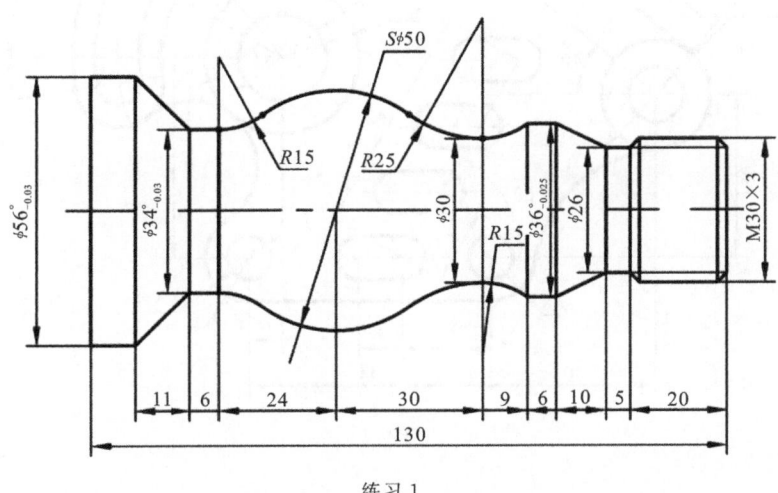

练习 1

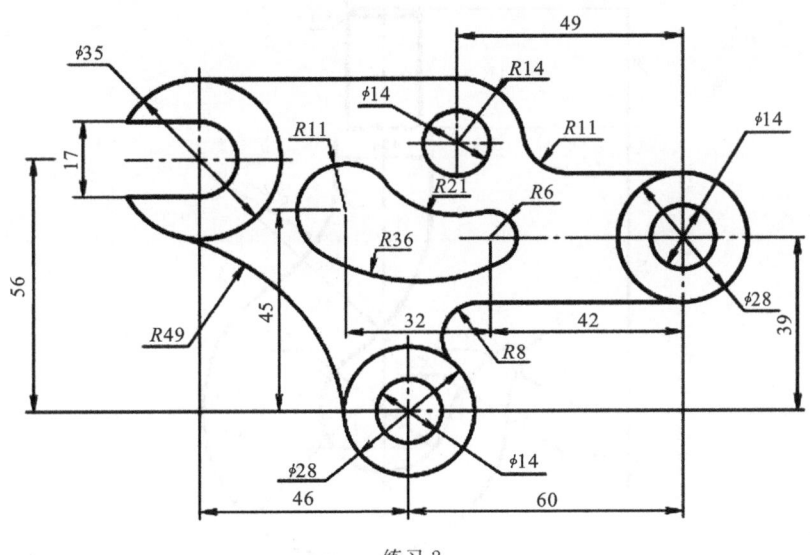

练习 2

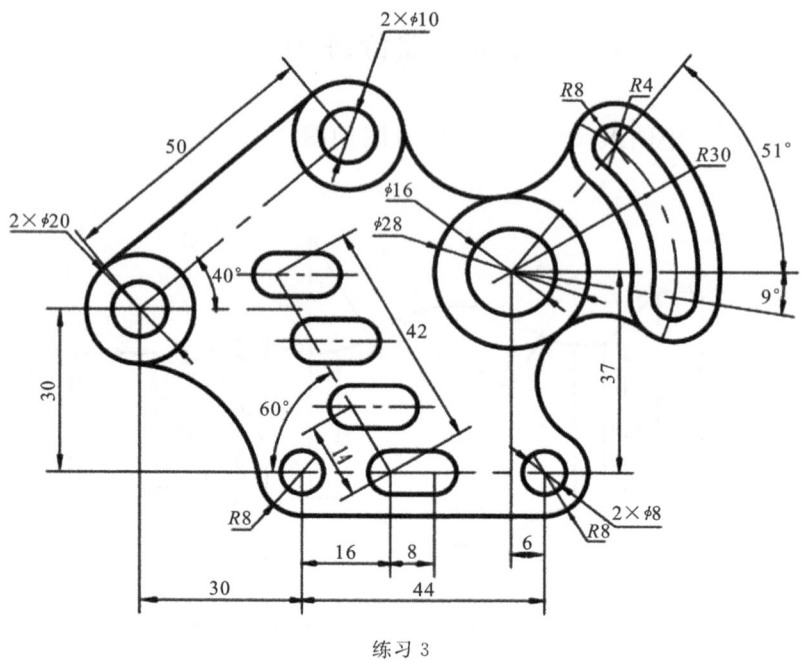

练习 3

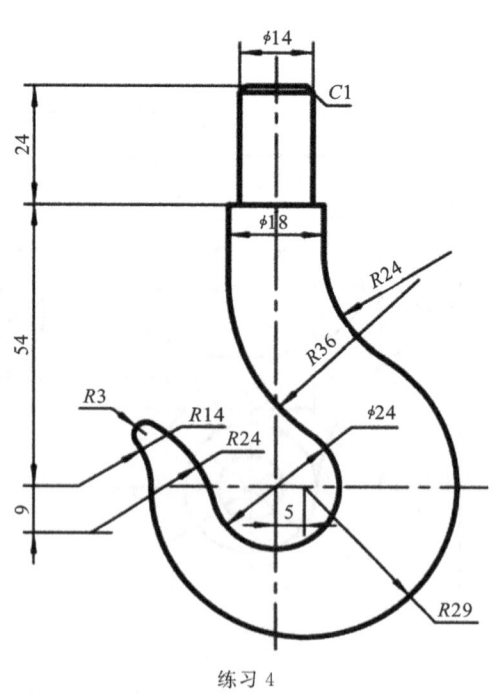

练习 4

图 2-13 综合练习

项目3　三维建模

在 NX 中,实体建模是功能强大的 CAD 软件中的核心组成部分。它是其他模块应用的前提和基础,如制图、加工、设计仿真以及增材制造等,都必须依赖实体模型才能进行相关操作,为用户提供了广泛的工具和功能,用于创建复杂的三维模型和进行精确的设计分析。因此,掌握实体建模技能不仅是学习后续内容的必要条件,更是确保设计过程稳健和高效进行的关键。

3.1　三维建模概述

3.1.1　三维建模简介

NX 的三维建模模块主要包括以下特点。

(1)参数化建模:支持基于参数的建模技术,使用户能够轻松创建可调整和重用的三维模型。

(2)装配设计:提供强大的装配设计功能,能够精确模拟和分析复杂的装配结构,包括零件之间的关系和相互作用。

(3)表面建模:支持高级的表面建模技术,允许用户创建复杂的曲面和自由形状,适用于汽车、航空航天和消费品设计等领域。

(4)分析和验证:集成了模拟分析工具,如 FEA,能够评估设计在实际使用条件下的性能和稳定性。

(5)数据交换和协作:支持多种文件格式的导入和导出,便于与其他设计工具和团队进行无缝协作与数据交换。

3.1.2　三维建模方法

在 NX 中,建模方法多样,适用于不同的设计需求和工作流程。

(1)显式建模:这种非参数化建模方法将对象相对于模型空间而不是彼此进行定义,修改一个或多个对象不会影响其他对象或整体模型。

(2)参数化建模:通过建立参数之间的关系来定义模型,参数的值可以动态地随着模型的变化而更新,允许用户灵活地调整和重用设计。

(3)基于约束的建模:通过一组设计规则(称为约束)来驱动或求解几何体的方法。这些约束可以是尺寸约束(如草图尺寸或定位尺寸)或几何约束(如平行或相切),帮助确保模型的精确性和一致性。

(4)同步建模:此方法允许在不考虑模型来源、关联或特征历史记录的情况下对模型进行修改。可以直接修改其他 CAD 系统导入的模型,或者处理包含特征的原生 NX 模型。

(5)复合建模:将多种建模技术有机集成在单一建模环境中的选择性组合。用户可以根据具体需求灵活地选择和应用不同的建模工具与方法,以实现高效的设计和模型开发过程。

3.1.3 三维建模视图

在三维建模的过程中,为了便于观察其空间立体特征,需要对视图进行不同方位、不同大小以及不同着色方式的观察,以满足模型创建、编辑等的需要。

1. 视图投影方向的设置

在软件的"视图"选项卡的"方位"组中,通过点击相应的工具按钮来调整视图的方向。这可以帮助用户选择最适合的视角来观察模型。"视图"选项卡中各图标的快捷键及作用见表 3-1。

表 3-1 "视图"选项卡

图标	快捷键	作用
	Home	定向至正三轴测方向
	End	定向至正等轴测方向
	Ctrl+Alt+F	定向至前视图方向
	Ctrl+Alt+T	定向至俯视图方向
	Ctrl+Alt+L	定向至左视图方向
	Ctrl+Alt+R	定向至右视图方向

续表 3-1

图标	快捷键	作用
		定向至后视图方向
		定向至仰视图方向

2. 回转、缩放、平移视图

可以使用以下两种方法来回转、缩放和平移视图。

方法一：在"视图"选项卡中选择对应的"回转""缩放""平移"图标，并通过移动鼠标左键来完成视图的变换。

方法二：利用鼠标的左、中、右键来实现以下功能。

(1) 回转：按住鼠标中键（滚轮），移动鼠标可以回转模型。

(2) 缩放：滚动鼠标中键可以放大或缩小视图，缩放中心为光标所在位置。

(3) 平移：同时按住鼠标中键和右键，并移动鼠标可以平移视图。

(4) 常用的"适合窗口"命令的快捷键是 Ctrl+F，可快速调整视图大小以适应窗口大小。要获得正视图投影，可将鼠标移动到适当的位置，按下 F8 键即可完成正视图投影。

3. 模型着色样式的设置

在视图"样式"组中，通过单击相应的工具按钮来改变模型的显示样式。这些按钮可以让用户选择不同的着色方式，以便更清晰地查看模型的细节。视图"样式"中各图标的作用见表 3-2。

表 3-2 视图"样式"中各图标的作用

名称	图标	作用
带边着色		光顺着色并显示画的边
着色		光顺着色不显示画的边
带有淡化边的线框		线框显示，隐藏边淡边显示

续表 3-2

名称	图标	作用
带有隐藏边的线框		线框显示,隐藏边不显示
静态线框		线框显示,隐藏边显示
艺术外观		艺术外观显示,逼真渲染
画分析		用曲面分析数据渲染分析面
局部着色		局部着色显示

3.2 三维建模基本操作

在 NX 中,特征建模功能提供了丰富的工具,可用于创建基准平面、基准轴、基准坐标系和基准点,以及各种几何体和复杂的特征。特征作为实体建模的基础,通常可分为四类,如表 3-3 所示。

表 3-3 特征建模

特征名称	具体特征
基本体素特征	长方体、圆柱、圆锥、球体
基准特征	基准平面、基准轴、基准坐标系
设计特征	孔、凸台、腔体、垫块、凸起、键槽、坡口焊等
扫描特征	拉伸、旋转、扫掠、沿导引线扫描、管道等

3.2.1 基本体素特征

在 NX 中,特征建模功能允许用户创建各种基础几何体和复杂特征,为实体建模提供了强大的工具和灵活性。以下是常见的基本体素特征及其创建方式。

1. 块（长方体）

对于基本体素特征，主要通过确定长、宽、高 3 个方向来建立长方体，其中长度方向、宽度方向以及高度方向分别用 XC、YC 和 ZC 表示。创建方式如图 3-1 所示。

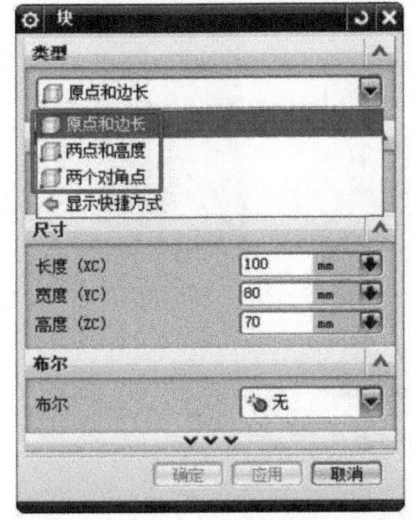

图 3-1 长方体创建方式

(1) 原点和边长方式：使用一个拐角点（原点）和 3 条边的长度来定义长方体的尺寸。

(2) 两点和高度方式：使用两个 2D 对角拐角点和高度来创建长方体，平面可以是 XC-YC 平面或平行于 XC-YC 平面。

(3) 两个对角点方式：使用相对的两个 3D 对角点来定义长方体的尺寸和方向。

2. 圆柱

圆柱创建方式（图 3-2）有以下两种。

(1) 轴、直径和高度方式：使用方向矢量、底部直径和高度来创建圆柱。

(2) 圆弧和高度方式：使用圆弧和高度来定义圆柱，圆弧决定了底部直径大小，其所在平面的法向定义了高度方向。

3. 圆锥

圆锥创建方式（图 3-3）有以下 5 种。

(1) 直径和高度方式：定义底部直径、顶部直径和高度生成圆锥。

(2) 直径和半角方式：定义底部直径、顶部直径和半角值生成圆锥。

(3) 底部直径、高度和半角方式：定义底部直径、高度和半角值生成圆锥，这些值

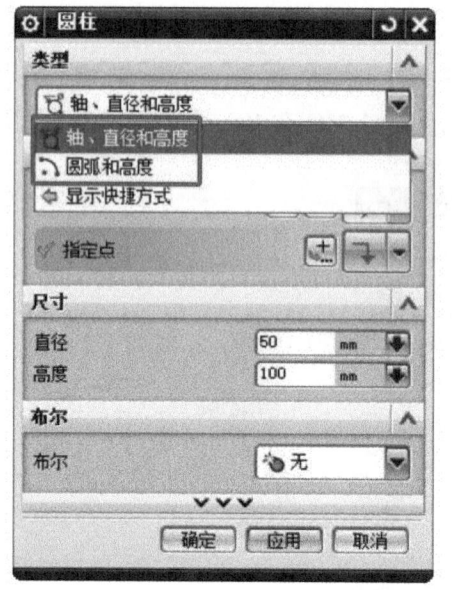

图 3-2 圆柱创建方式

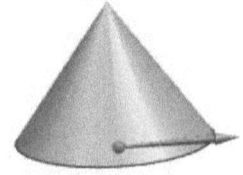

图 3-3 圆锥创建方式

相互制约。

(4)顶部直径、高度和半角方式:定义顶部直径、高度和半角值生成圆锥,这些值相互制约。

(5)两个共轴的圆弧方式:通过选取两条弧生成圆锥特征,系统将第二条选中的弧平行投影到由第一条弧形成的平面上,直到两个弧共轴。

4. 球

球体的创建方式(图 3-4)有以下两种。

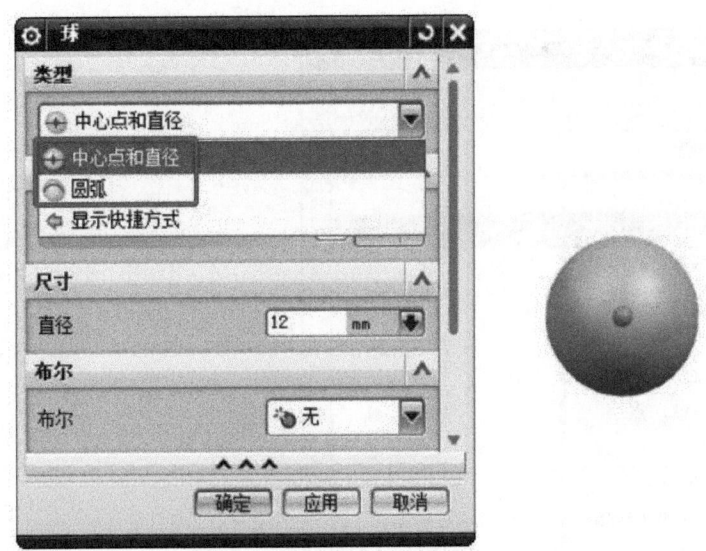

图 3-4　球体创建方式

(1)中心点和直径方式:使用指定的中心点和直径创建球。

(2)圆弧方式:使用选定的圆弧定义球的中心和直径。

这些体素特征是参数化的,用户可以通过部件导航器或图形窗口进行修改和调整,以满足不同的设计要求和几何约束。使用这些基础特征结合布尔运算,可以快速创建复杂的零件和装配体。

3.2.2　基准坐标系

在 NX 中,坐标系是设计和建模过程中重要的参考与定位工具,遵循右手定则。主要有以下 3 种坐标系类型。

1. 绝对坐标系(ACS)

ACS 在模型空间固定不动且不可见,通常用作参考,特定操作后可以返回初始位置。

2. 工作坐标系(WCS)

WCS 可以移动和旋转,可通过"坐标系"对话框定义新的方位,方便用户建模和操作。

3. 基准坐标系(图 3-5)

基准坐标系在部件导航器中显示为 1 个特征,包括 3 个轴、3 个平面、1 个坐标系和 1 个原点,为相关对象提供关联。

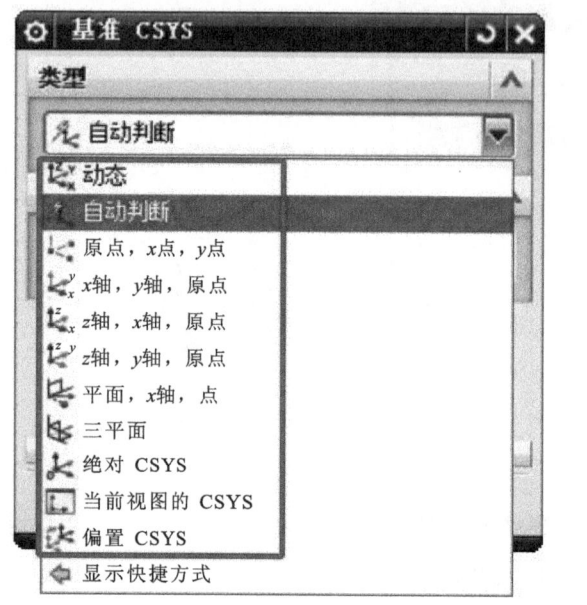
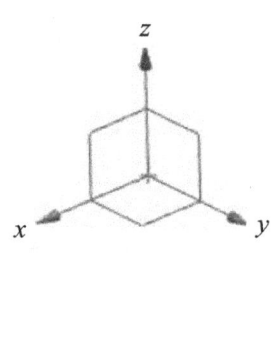

图 3-5 基准坐标系

NX 提供了多种定义坐标系的方法,如下所示。

(1)原点、x 点和 y 点:根据用户选择或定义的 3 个点来确定坐标系的方向和位置。

(2)对象的坐标系:基于选定的曲线、平面或制图对象的坐标系来定义相关的坐标系。

(3)点、垂直于曲线:通过选定的点和垂直于曲线的方式定义坐标系,可应用于线性和非线性曲线。

此外,NX 还支持动态操纵 WCS,用户可以可视化地平移或旋转 WCS,并实时反馈变化。通过"显示坐标系"命令可以在图形窗口中开启或关闭 WCS 的显示,而"保存坐标系"命令则用于创建并保存当前 WCS 的原点和方位,以备后续使用。

3.2.3 设计特征

进入建模环境后,单击菜单栏空白处,即可进行定制设计,对工具栏上没有出现的相关按钮进行特征设计(图 3-6)。

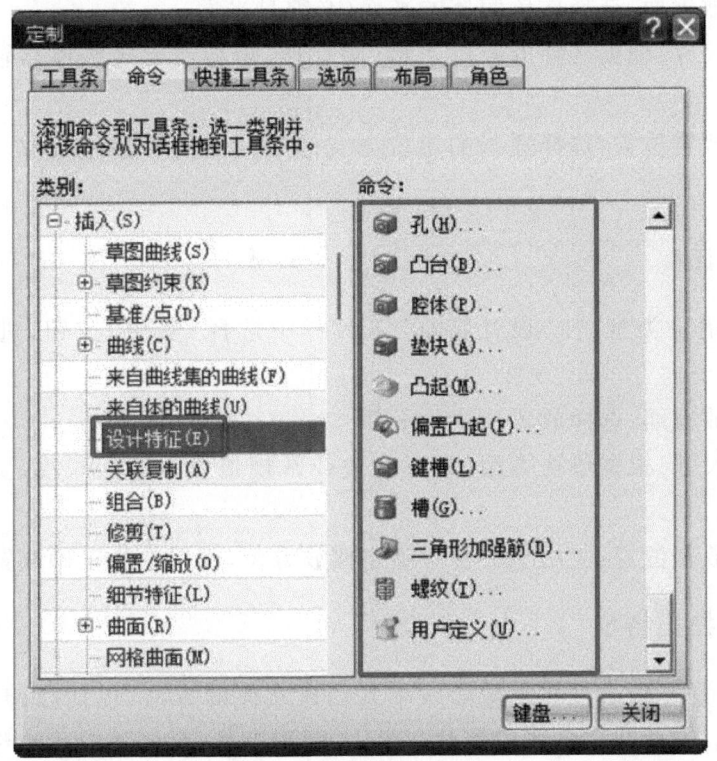

图 3-6 "设计特征"对话框

1. 孔特征

(1) 选择孔的类型:在"设计特征"工具栏中选择"孔"按钮,进入"孔"对话框。

(2) 确定位置:通过"位置"选项组中的"指定点"或"绘制截面"按钮确定孔的位置。

(3) 定义形状和尺寸:选择孔的类型(如简单孔、沉头孔、埋头孔、锥形孔),设置直径和深度限制。

2. 凸台特征

(1) 选择放置面:在"设计特征"工具栏中选择"凸台"按钮,选择放置凸台的表面。

(2) 设置尺寸:输入凸台的直径、高度和锥角。

(3) 确定放置位置:选择水平定位或垂直定位,确保凸台放置正确。

3. 腔体特征

(1) 选择腔体类型:在"设计特征"工具栏中选择"腔体"按钮,进入"腔体"对话框。

(2)选择放置面:选择放置腔体的平面(必须是平面)。

(3)设置尺寸:根据选择的腔体类型(圆柱形、矩形或常规腔体),输入相应的尺寸参数。

(4)确定放置位置:选择适当的定位方式(如平行定位、斜角定位),确保腔体正确放置。

4. 凸垫特征

(1)选择垫块类型:在"设计特征"工具栏中选择"垫块"按钮,进入"垫块"对话框。

(2)选择放置面:选择放置垫块的平面。

(3)设置尺寸:根据垫块类型(矩形垫块或常规垫块),输入长度、宽度、高度、拐角半径和锥角。

(4)确定放置位置:使用水平参考确定摆放方位,确保垫块正确放置。

3.2.4 扫描特征

扫描特征是一种通过移动截面线串来创建实体的方法,包括拉伸特征、回转特征等(图3-7)。这些特征是可以参数化的,参数随部件存储,随时可以编辑。扫描特征与截面线串、拉伸方向、旋转轴、引导线串、修剪表面和基准平面相关联。截面线串可以是草图特征、特征曲线、连接的曲线、相切的曲线、面的边缘线和片体的边缘线等。

1. 拉伸特征

单击工具栏中"拉伸"按钮,或者执行"插入"→"设计特征"→"拉伸"命令,弹出"拉伸"对话框,在对话框中可以指定拉伸方式、设置拉伸参数。

通过拉伸实体表面、实体边缘、曲线、连接曲线或片体,生成实体或片体。可以指定多种拉伸方式,如"按值""对称值""直至下一个""直至选定对象""直到被延伸"和"贯通全部对象"。拉伸特征允许在拉伸过程中设置起始和结束位置的限制,以及偏置方式和拔模选项。

2. 回转特征

单击工具栏中"旋转"按钮,或者执行"插入"→"设计特征"→"回转"命令,弹出"回转"对话框。

通过将截面曲线绕指定轴回转一定角度,生成实体或片体。需要指定回转轴的方向和位置,可以使用曲线或边来指定回转轴。回转特征允许控制回转体的回转角度限制,通常在创建后可以通过更改回转轴来更新回转体。

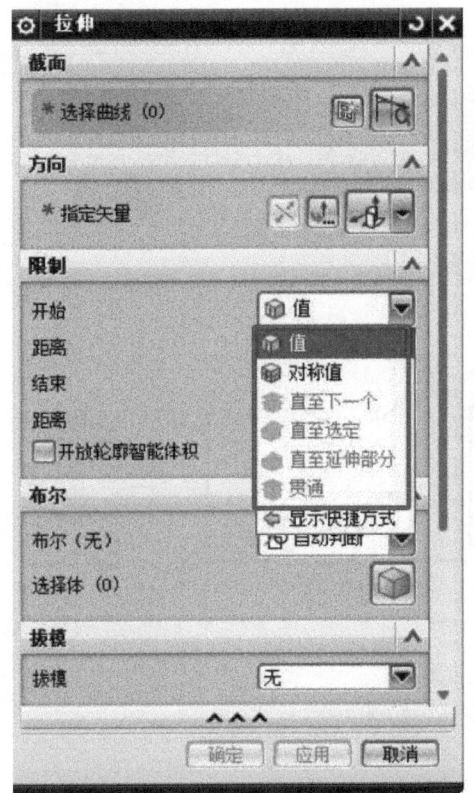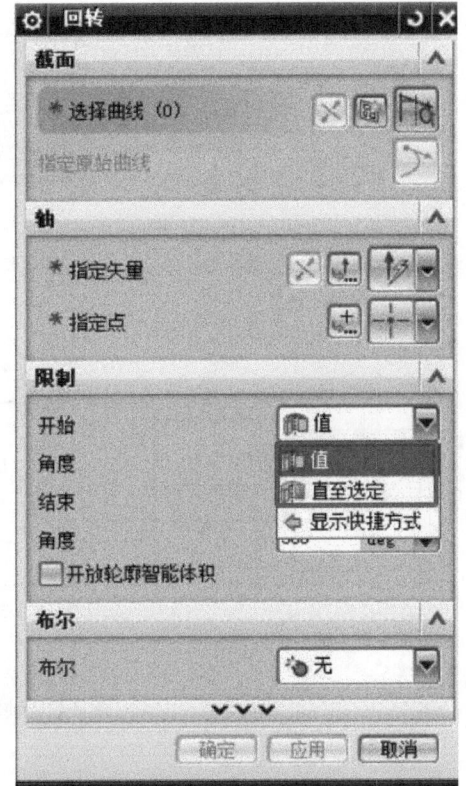

图 3-7 "拉伸"和"回转"对话框

3.3 案例实施

3.3.1 案例分析

如图 3-8 所示,轴是一个典型的车削加工回转体零件,零件的外形特征包含圆柱面、圆弧面。左端有 M16 的螺纹,中间有键槽,还有两个退刀槽。该零件的三维建模需要创建 6 个特征:二维草图、回转特征、键槽特征、退刀槽特征、螺纹特征、倒斜角特征。

3.3.2 实施过程

1. 创建模型文件

使用 Ctrl+N 快捷键,在"新建"窗口中选择文件类型为"模型";输入文件名称"项目 2-轴";选择文件保存路径后,单击"确定"按钮。

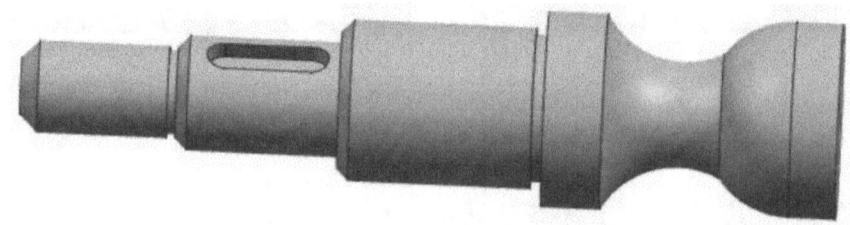

(a)三维模型

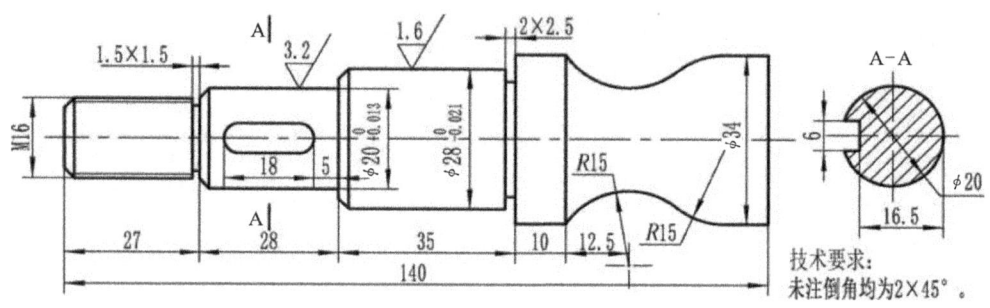

(b)二维草图

图 3-8 轴零件工程图

2. 创建二维草图特征和回转特征

(1)单击"主页"选项卡"直接草图"组中的"草图按钮","草图类型"选择绘图区的 XY 平面,单击"确定"按钮,弹出"草图"对话框。

(2)在"草图"的任务环境下,单击"主页"选项卡"草图曲线"组中的"轮廓"按钮,弹出"轮廓"对话框。

(3)绘制轮廓线,选中"轮廓"对话框中的"直线"按钮,在绘图区依次单击如图 3-9 所示的 9 个点(从坐标原点开始),分别绘制 4 段竖直线和 4 段水平线。

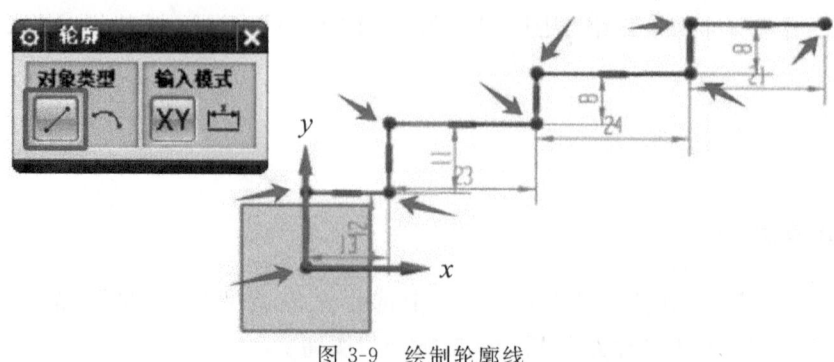

图 3-9 绘制轮廓线

(4)修改和标注尺寸。分别双击水平尺寸,将尺寸值依次修改为 27、29、35 和 10;单击"直接草图"组中的"快速尺寸"图标,在弹出的"快速尺寸"对话框"参考"栏中设置默认。分别选择"绘图区"中的 x 轴和水平直线,向下移动鼠标,在空白处单击鼠标左键,并分别输入数值 8、10、14 和 17,完成 4 段竖直线尺寸值的标注,如图 3-10所示。

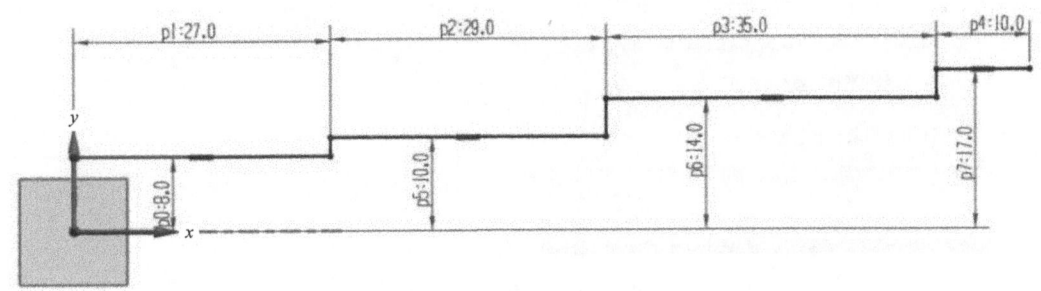

图 3-10 修改和标注尺寸

(5)绘制圆弧。选中"轮廓"对话框中的"圆弧"按钮,在绘图区依次绘制如图 3-11所示的两段圆弧,用"直线"命令绘制一段水平直线(注意圆弧的凹凸)。

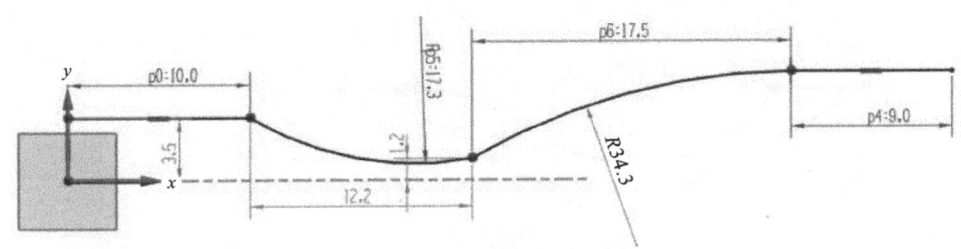

图 3-11 绘制圆弧和直线

(6)增加"相切"约束。在功能区中,单击"主页"选项卡"直接草图"组中的"更多"按钮,在弹出的下拉列表中单击"草图约束"栏中的"几何约束"按钮。在"几何约束"对话框中单击"相切"按钮,选择"绘图区"中的圆弧 1,单击鼠标中键,再选择圆弧 2,完成两条圆弧的"相切"约束,如图 3-12 所示。同理,分别选择圆弧 2 和直线,完成相切约束。约束 $\phi 34$ 两条直线共线约束,关闭"几何约束"对话框。

(7)修改和标注尺寸。分别双击两圆弧的半径,将尺寸值均修改为 15,单击"直接草图"组中的"快速尺寸"图标,在弹出的"快速尺寸"对话框"参考"栏中设置默认。分别选择"绘图区"中 R15 圆弧的圆心和直线端点,向上移动鼠标,在空白处单击鼠标左键,输入数值 12.5,选择 z 轴和右端点,标注总长尺寸值为 140。"状态行"提示"草图已完全约束",如图 3-13 所示。单击"直接草图"组中的"完成草图"按钮(快捷键 Ctrl+Q),完成二维草图的绘制。

(8)回转生成实体。在"主页"选项卡的"特征"组中,单击"拉伸"按钮右侧的黑色三角形,在弹出的下拉列表中单击"回转"按钮,弹出"回转"对话框。在"选择曲

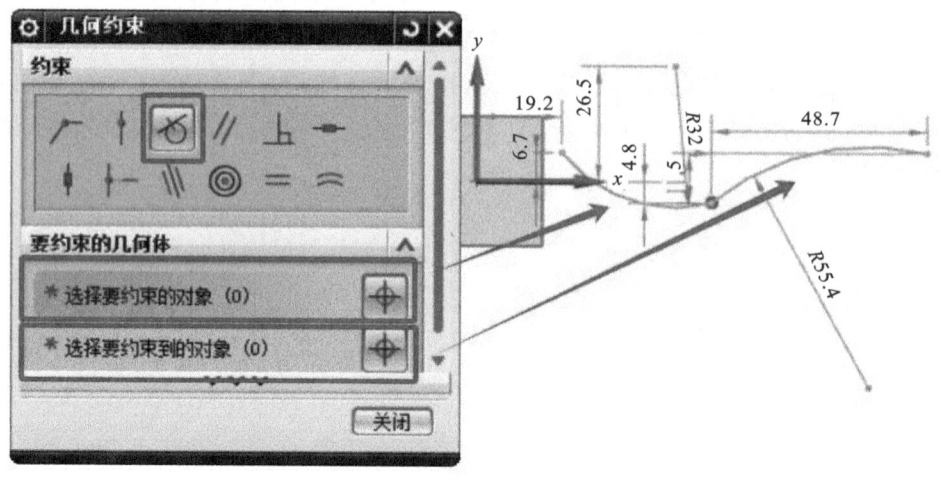

图 3-12　约束圆弧相切

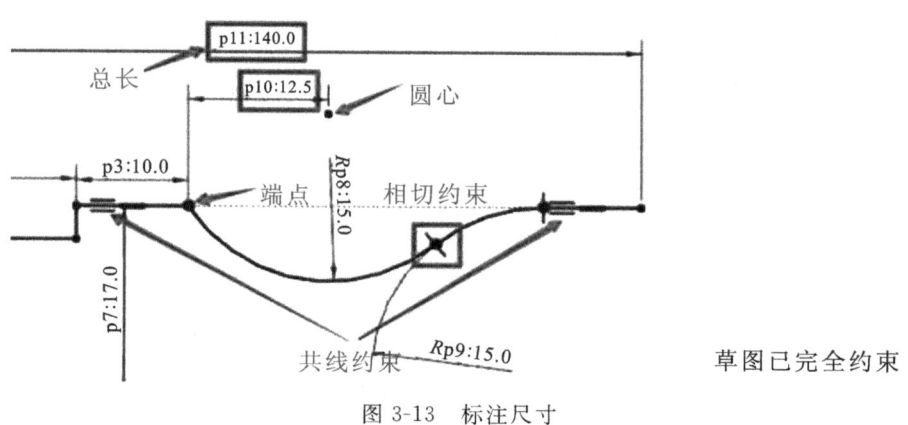

图 3-13　标注尺寸

线"栏中,选择绘图区所绘制好的"草图截面";在"指定矢量"栏中,选择绘图区中的 x 轴;指定点默认为"原点",限制角度值默认为 0 和 360。单击对话框中的"确定"按钮,完成回转特征的创建,如图 3-14 所示。

3. 创建键槽特征

键槽在从左端起的第二段圆柱上,创建键槽时得先创建与圆柱面相切的基准平面,然后才能进行键槽特征的创建。

(1)单击"主页"选项卡"特征"组中的"基准平面"按钮,弹出"基准平面"对话框。

(2)在弹出的"基准平面"对话框中选择"自动判断"类型,选择对象若选择圆柱面,则生成与圆柱相切的平面;若选择直线,生成的基准平面则是通过直线的相切平面。单击"确定"按钮(或单击鼠标中键),完成基准平面的创建,如图 3-15 所示。

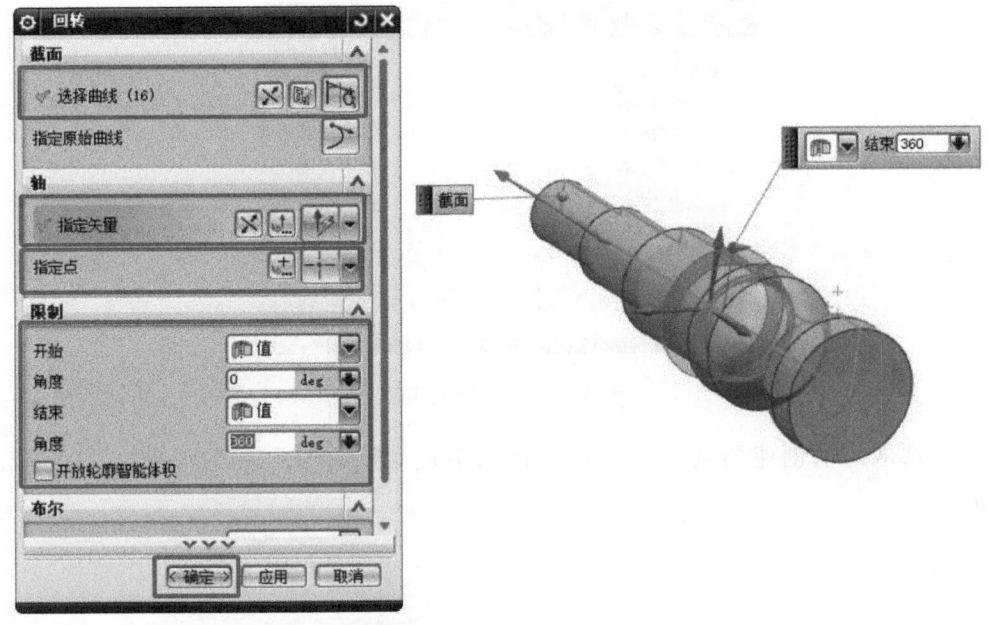

图 3-14　回转生成实体

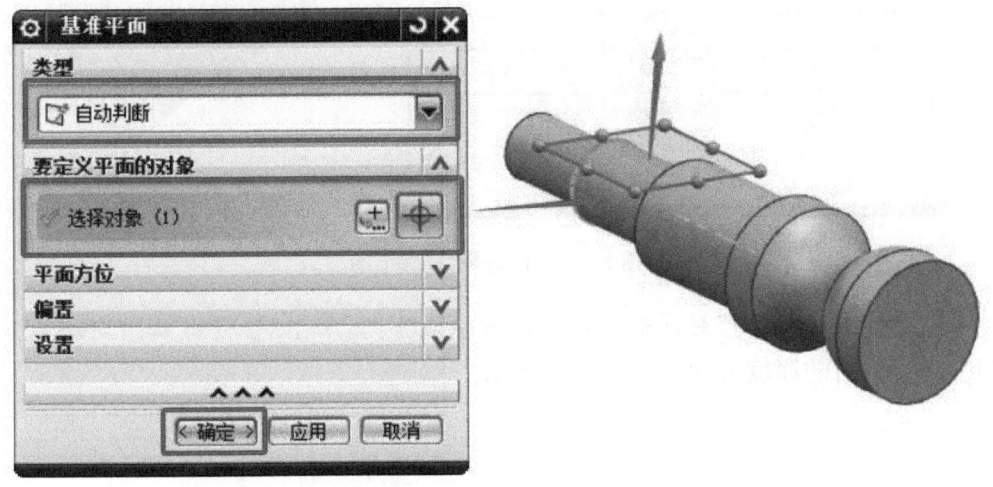

图 3-15　创建基准平面

4. 创建键槽特征

(1)单击"主页"选项卡"特征"组中的"更多"按钮,在弹出的下拉列表中单击"键槽"按钮,弹出"键槽"对话框。

(2)在弹出的"键槽"对话框中选择键槽的形状为"矩形槽",如图 3-16 所示,单击"确定"按钮。

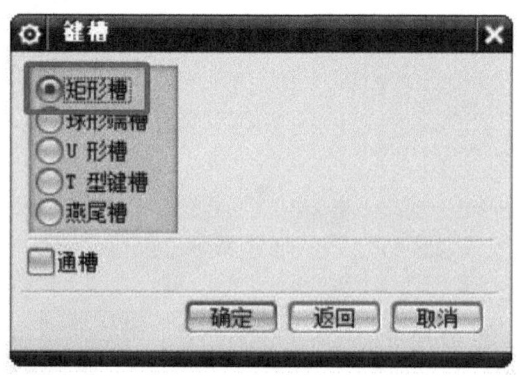

图 3-16　选择键槽类型

(3)选取之前创建的基准平面作为键槽的放置面,如图 3-17 所示,单击"确定"按钮。

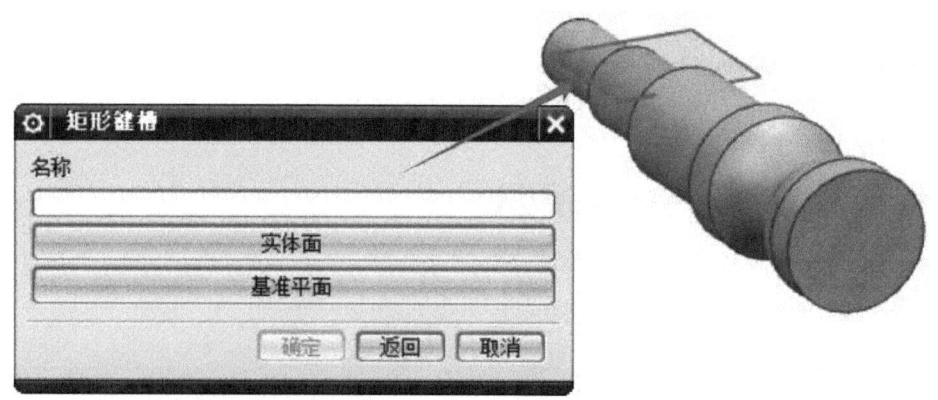

图 3-17　选择键槽放置面图

(4)在弹出的"键槽"对话框中指定键槽生成方向,单击"接受默认边"按钮,方向朝下,即为键槽的深度方向,如图 3-18 所示。

图 3-18　制定键槽生成方向

(5)在"水平参考"对话框中,选择该圆柱面,以圆柱面的轴线方向为水平参考,水平参考即为键槽的长度方向,如图 3-19 所示。

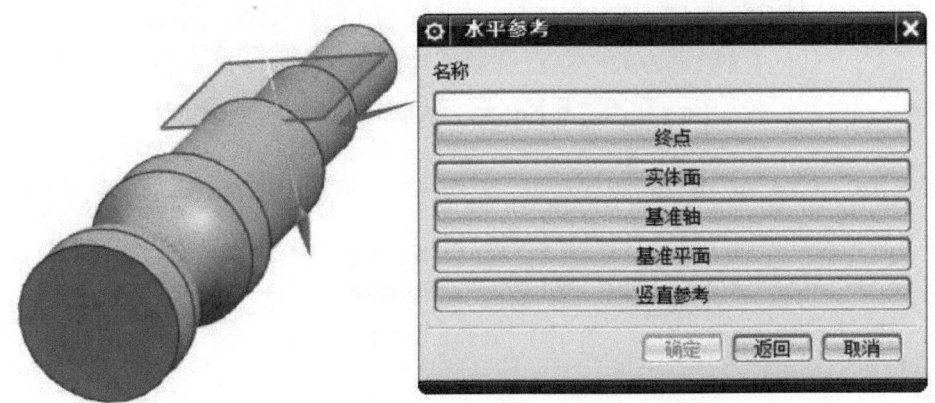

图 3-19　选择键槽水平参考

(6)在弹出的"矩形键槽"对话框中,"长度"输入 18,"宽度"输入 6,"深度"输入 3.5,如图 3-20 所示,单击"确定"按钮。

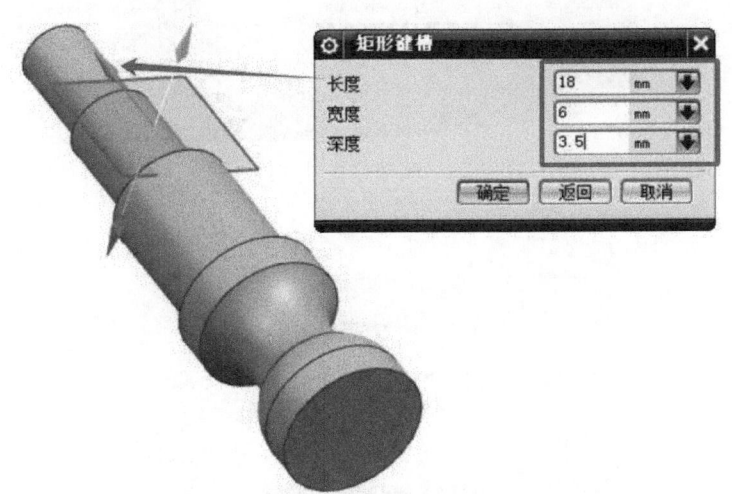

图 3-20　设置键槽参数图

(7)在弹出的"定位"对话框中,单击"水平"按钮,如图 3-21 所示。

(8)在绘图区中进行边或圆弧的选取。选择竖直的直线,选择键槽的圆弧,在弹出的"设置圆弧的位置"对话框中单击"相切点",然后单击"确定"按钮,如图 3-22 所示。

(9)在弹出的"创建表达式"对话框中输入尺寸值 5.000 000,单击"确定"按钮,如图 3-23 所示。再返回"定位"对话框,单击"确定"按钮,完成键槽的创建,如图 3-24所示。

机械三维数字化建模

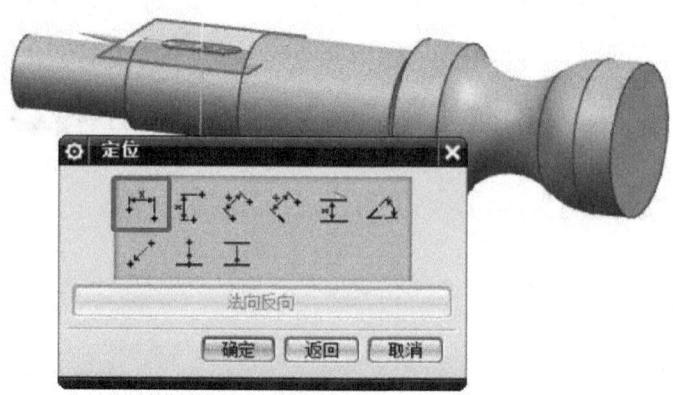

图 3-21　选择定位方向

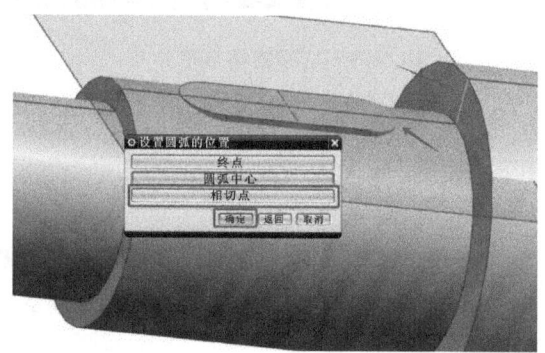

图 3-22　键槽位置尺寸标注

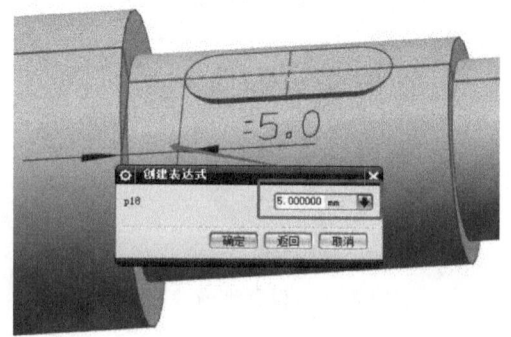

图 3-23　输入位置尺寸

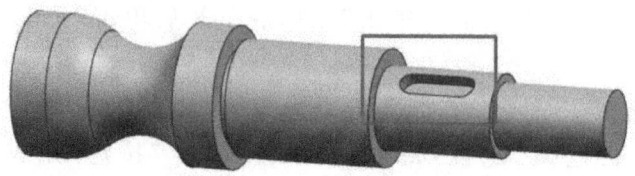

图 3-24　创建键槽

5. 创建退刀槽特征

创建退刀槽特征的基本操作流程为：单击"槽"按钮，弹出"槽"对话框→选择退刀槽的形状→选取退刀槽的放置面→设置退刀槽的参数→定位退刀槽。

(1)单击"主页"选项卡"特征"组中的"更多"按钮，在弹出的下拉列表中单击"槽"按钮，弹出"槽"对话框。

(2)在弹出的"槽"对话框中，选择退刀槽的形状为"矩形"，如图 3-25 所示。

图 3-25 选择槽类型

(3)选取退刀槽的放置面。在弹出的"矩形槽"对话框中选择圆柱面，如图 3-26 所示，所选的圆柱面即为退刀槽所在的轴肩位置。

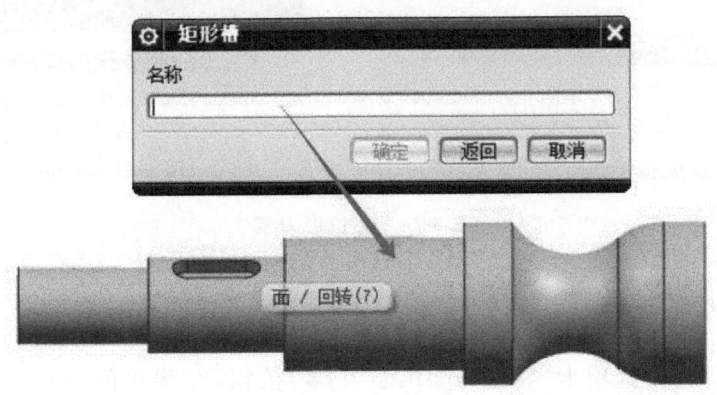

图 3-26 选择退刀槽放置面

(4)设置退刀槽参数。在弹出的"矩形槽"对话框中，"槽直径"（退刀槽的外径）输入 13，"宽度"输入 1.5，如图 3-27 所示。

(5)定位退刀槽。选择轴肩的圆，选择生成的矩形槽的圆，在弹出的"创建表达式"对话框中输入定位尺寸 0。单击"确定"按钮，生成退刀槽，如图 3-28 所示。

(6)用同样的方法完成 φ28 圆柱面上退刀槽的创建，"槽直径"输入 23，"宽度"输入 2。完成后关闭"槽"对话框。

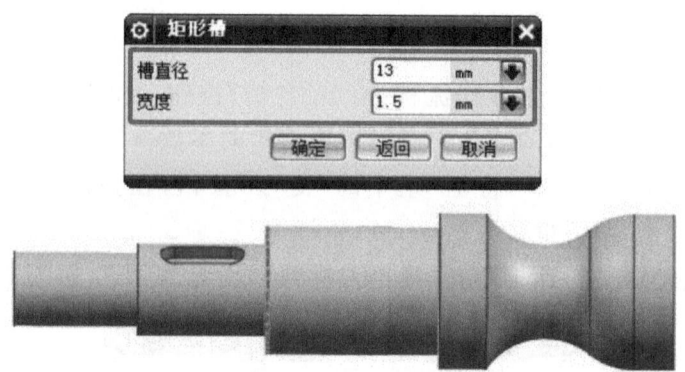

图 3-27 设置退刀槽参数

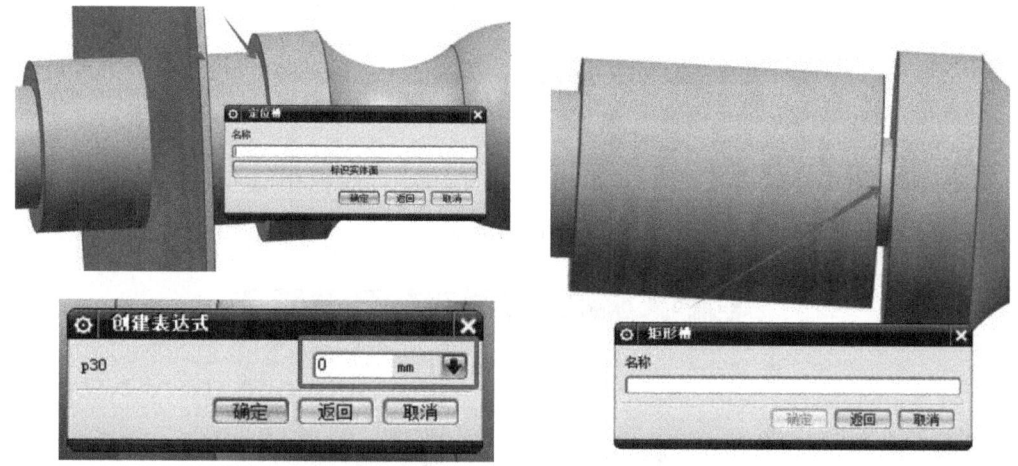

图 3-28 定位退刀槽

6. 创建螺纹特征

(1)单击"主页"选项卡"特征"组中的"更多"按钮,在弹出的下拉列表中单击"螺纹刀"按钮,弹出"螺纹切削"对话框。

(2)在"螺纹切削"对话框中选择螺纹的类型为"符号",选取 $\phi16$ 的圆柱面;在"成形"下拉列表中选择"GB193"选项;勾选"完整螺纹"复选框,勾选"手工输入"复选框;将"螺距"修改为 2,将"小径"修改为 13.835(一般未标注螺距的普通螺纹为粗牙螺纹,M16 粗牙螺纹的螺距为 2,螺纹小径为 13.835),其他参数不变。单击"确定"按钮,完成螺纹的创建。图 3-29 所示为创建螺纹特征及轴的三维特征。

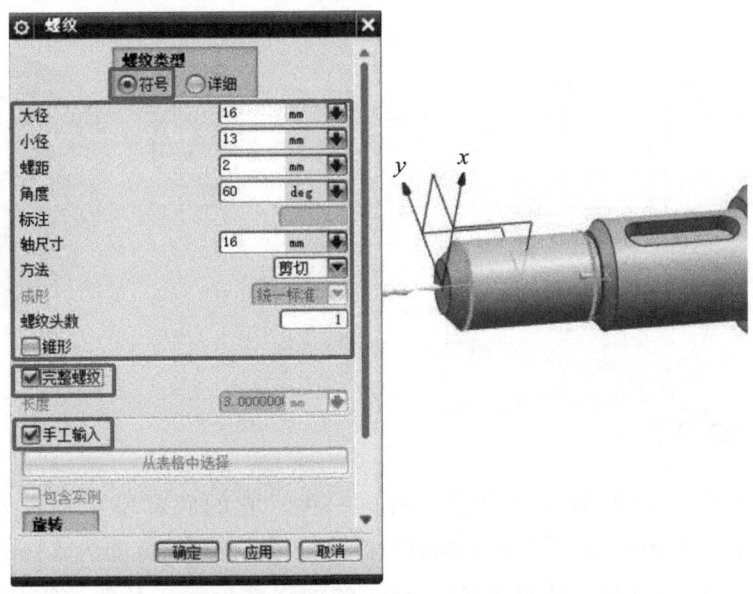

图 3-29 创建螺纹特征及轴的三维特征

知识链接

在 NX 中,螺纹分为两种类型:符号型和详细型。符号型螺纹仅显示螺纹线而不切出实体,适合机械制图表达;详细型螺纹则切出实体的三维螺纹,通常用于较大尺寸的非标准螺杆。在国家标准方面,普通螺纹符合《普通螺纹井直径与螺距系列》(GB/T 193—2003),而梯形螺纹符合《梯形螺纹井第 2 部分:直径与螺距系列》(GB/T 5796.2—2005)。

7. 创建倒斜角特征

该轴共有 3 处倒斜角,倒斜角尺寸值均为 $2\times45°$,单击"主页"选项卡"特征"组中的"倒斜角"按钮,在轴对应的位置选择"圆弧",完成倒斜角特征创建。

3.4 综合练习

3.4.1 练习 1

如图 3-30 所示,带轮属于回转体零件的一种。因此,在创建这种零件时,首先需要绘制草图特征,并围绕中心线进行回转,以完成主体特征的设计。接着,只需添加键槽和倒斜角等特征即可。该零件的三维建模过程涉及 4 个关键步骤:草图绘制、旋转操作、拉伸设计和倒角处理。

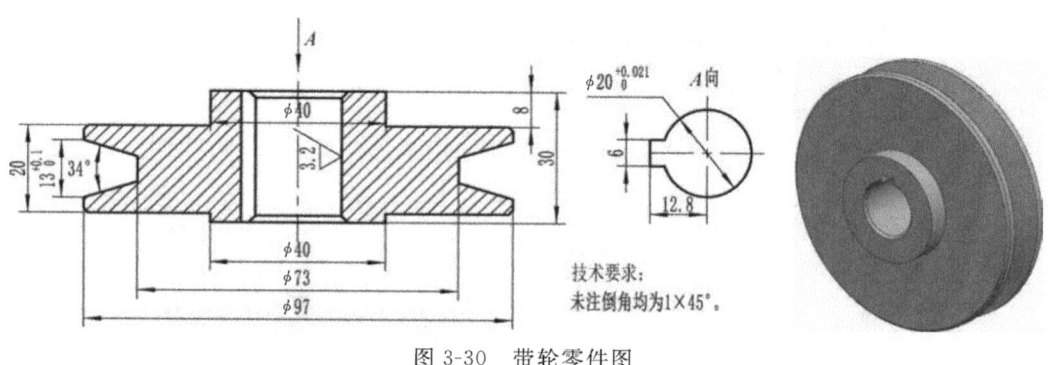

图 3-30 带轮零件图

3.4.2 练习 2

如图 3-31 所示,支座属于叉架类零件的一种。它的底部是一个长方体,尺寸为 80mm×48mm×10mm,顶部是一个圆柱体,直径为 54mm,高度为 33mm,中间还有一块厚度为 4mm 的板和一块厚度为 10mm 的加强筋板。在叉架类零件的建模过程中,通常先绘制整体的外形,然后再添加和减去内部的孔、腔体等特征。

该支座零件的三维建模,需要完成以下 4 个主要特征的添加:草图特征 1(参考主视图绘制)、草图特征 2(参考左视图绘制筋板位置)、拉伸特征(4 次,用于主体和板的拉伸)、孔特征(2 个,用于加强筋板上的孔)以及圆角特征。

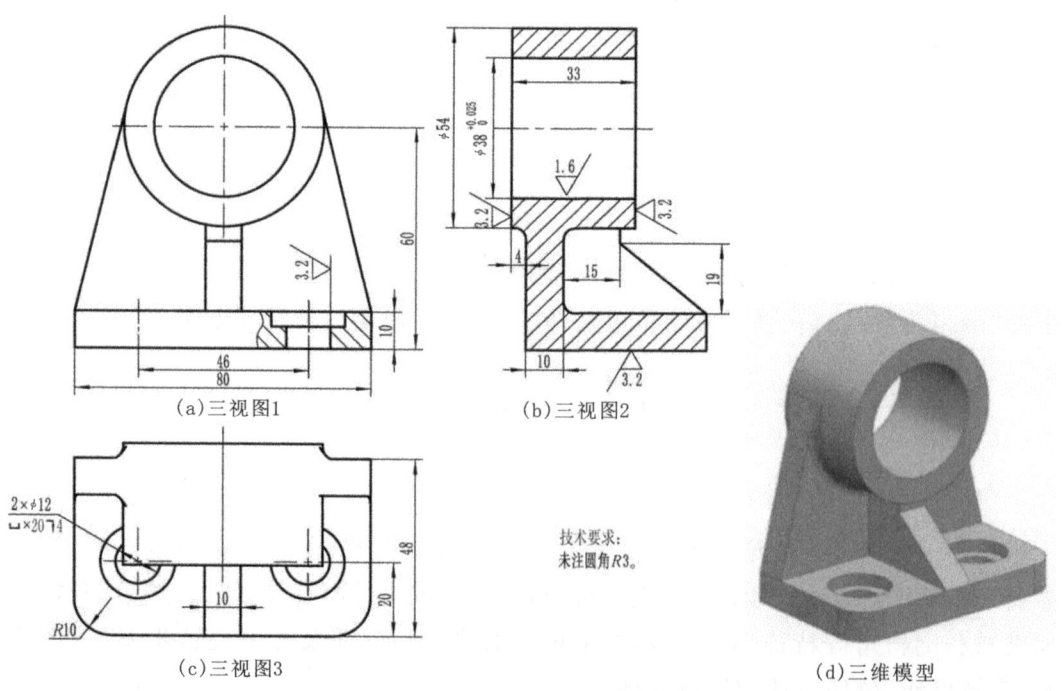

图 3-31 支座零件图

项目 4　实体装配

在现代工程设计和制造领域中，NX 的装配功能扮演着至关重要的角色。装配不仅仅是将零件简单地堆叠在一起，更是将设计理念转化为实际产品的关键步骤之一。通过 NX 的装配功能，用户能够将多个零件有效组合成完整的系统或产品模型，实现设计目标并确保其在实际应用中的功能性、可靠性和性能。

4.1　实体装配概述

4.1.1　实体装配简介

NX 软件的实体装配模块是其工程设计中的核心部分之一。该模块主要包括装配建模和装配分析两大内容。装配建模是指利用 NX 软件创建产品装配体系的过程。用户可以通过装配建模功能将设计好的零部件逐步组装成完整的产品模型，实现各个零部件之间的准确位置和功能关联。这不仅仅是简单的零部件堆叠，更包括零部件间的运动学关系、约束条件及相互作用，以确保装配后的产品在现实世界中能够正常工作和运行。

装配分析则是指在装配建模完成后，对产品装配体系进行全面分析和评估的过程。通过 NX 软件提供的装配分析工具，用户可以模拟装配过程中的各种情况，如零部件间的间隙分析、运动仿真、碰撞检测等。这些分析不仅有助于发现和解决装配过程中可能出现的问题，而且还能够优化产品设计，提高产品的质量和可靠性。因此，NX 软件的实体装配模块不仅简化了复杂产品的装配过程，还在产品设计和工程分析中发挥着重要作用，为用户提供了强大的工具和功能，帮助他们有效地完成产品设计和开发任务。

所谓"装配"，就是根据事先制定的技术要求，将产品各个零部件组装在一起，使之成为完整产品模型的过程。

（1）组件：指在装配中按特定位置和方向使用的部件。组件可以是独立的部件，也可以是由其他较低级别的组件组成的子装配。装配中的每个组件仅包含一个指向其主几何体的指针，在修改组件的几何体时，装配体将随之发生变化。

(2)子装配:指在更高一层的装配件中作为组件的一个装配。子装配同样拥有自己的组件。子装配只是一个相对的概念,任何一个装配件都可以在更高级装配中用作子装配。

(3)装配件:指由零件或子装配构成的部件。

(4)显示部件:指当前工作窗口中显示的组件。

(5)工作部件:指可以在装配模式下编辑的部件。在装配状态下,一般不能对组件直接进行修改,要修改组件,需要将该组件设为工作部件。部件被编辑后,所作修改的变化会反映到所有引用该部件的组件中。

(6)已加载的部件:指当前打开的并加载到内存的部件。

(7)装配约束:指组件中点、线、面之间的约束关系,由此确定装配件中各部件的相对位置。

(8)引用集:指在每个组件中的附加信息,其内容包括该组件在装配时显示的信息。每个部件可以有多个引用集,供用户在装配时选用。

4.1.2 实体装配步骤

1. 准备工作

收集所有需要装配的零件文件和装配文件。

确保每个零件的设计已经完成,并且具备所需的几何形状、特征和材料信息。

2. 创建装配文件

在 NX 中创建一个新的装配文件,或者打开现有的装配文件作为基础。图 4-1 为新建装配对话框。

在新的装配文件中,确保设置正确的单位和坐标系,以便后续的零件定位和装配约束。

3. 插入零件

将所有需要的零件插入到装配文件中。这些零件可以从文件系统中导入,也可以从现有的零件库中选择(图 4-2)。

4. 定义约束和关系

使用装配约束工具(如对齐、平行、嵌合等)来定义各个零件之间的相对位置和运动自由度。确保每个零件按照设计要求正确地定位和连接,避免碰撞或干涉。

图 4-1 新建装配对话框

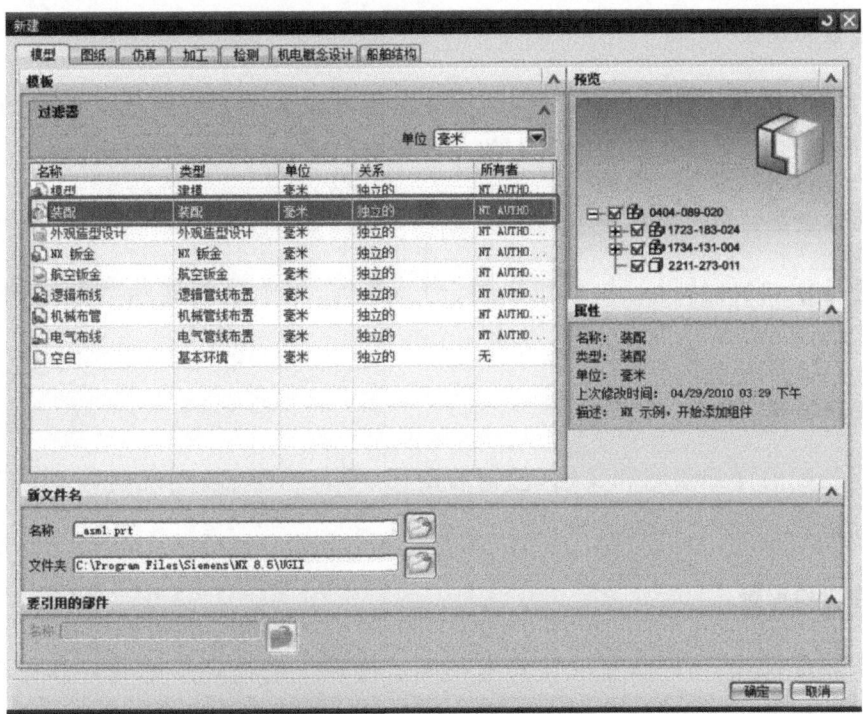

图 4-2 "添加组件"对话框

5. 检查和调整

进行碰撞检测和空间分析,确保装配中的零件没有干涉或碰撞。调整约束和关系,使得装配的每个部分都能够自由移动或旋转,同时保持整体的结构稳定和正确。

6. 添加装配特征

可选地添加装配特征,如爆炸视图、剖面图等,用于清晰展示装配结构和设计意图。

7. 生成装配文档

创建装配的详细绘图和文档,包括装配图、零件清单、装配说明等,用于制造和沟通设计信息。

8. 验证和审查

审查装配设计,确保满足设计要求和制造标准。进行必要的验证和仿真,如运动仿真或结构分析,以评估装配在使用条件下的性能和安全性。

9. 数据管理和版本控制

确保装配数据的安全管理和版本控制,避免数据丢失或混乱。如果需要,进行协作设计和团队合作,确保所有参与者都能访问最新的装配信息。

10. 最终审批和发布

最终审批装配设计,并准备发布用于制造、装配和维护。

4.2 实体装配基本操作

4.2.1 装配命令

装配工具条下的主要命令如表 4-1 所示。

表 4-1 装配命令表

名称	图标	作用
查找组件		用于查找组件,通过属性、列表、大小、名称或状态来指定查找条件

续表 4-1

名称	图标	作用
打开组件		用于打开已关闭的组件,使其在装配体中重新显示
按邻近度打开		按邻近度打开一定范围内的所有关闭组件。选择组件后设定范围并应用,系统将打开该范围内的所有关闭组件
显示产品轮廓	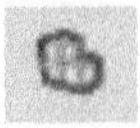	显示当前定义的产品轮廓。如果没有定义产品轮廓,系统会提示用户是否创建新的产品轮廓
添加组件		向装配体中添加已存在的组件,可以是未载入系统中的部件文件或已载入系统中的组件。用户可选择定位组件并约束
新建组件		创建新的组件并将其添加到装配中
阵列组件		创建组件阵列
镜像装配		对装配进行镜像操作,可以对整个装配或选择的个别组件进行镜像。可以指定排除的组件
移动组件		移动组件到新的位置
装配约束		在装配体中添加装配约束,确保各零部件装配到合适的位置
显示和隐藏约束		显示或隐藏约束及使用其关系的组件
WAVE 几何链接器		在工作部件中创建关联或非关联的几何体,即将几何体中装配的其他部件移动到工作部件中
序列		查看和更改创建装配的序列。进入装配序列环境,可以使用序列工具和序列回放工具条
爆炸图	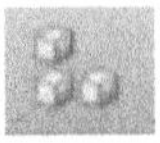	调出爆炸视图工具条,用于创建、编辑和删除爆炸图等操作

4.2.2 装配约束

装配约束就是用于确定组件之间相对位置关系的几何条件,用于限制组件的空间自由度,如果组件的 6 个自由度完全被限制,组件为完全约束,否则为不完全约束。装配中的约束类型比较多,如图 4-3 所示,但是比较常用的主要有以下几种,如表 4-2 所示。

图 4-3 装配约束对话框

表 4-2 几种常用的装配约束

名称		图标	作用
接触对齐	接触		约束两个对象以使它们相互接触
	对齐		约束两个对象以使它们相互对齐
	自动判断中心/轴		约束两个对象以使它们相互同心,即中心轴线与中心轴线共线或圆弧面与圆弧面共轴线
距离			指定两个对象之间的3D距离,一般适用于选择两个平行平面之间的距离
平行			将两个对象的方向矢量定义为相互平行,一般适用于选择两个平面相互平行或两条轴线相互平行
角度			指定两个对象之间的角度(可绕指定轴),一般适用于选择两个平面之间的角度或一条轴线与平面之间的角度

4.3 案例实施

4.3.1 案例分析

本项目使用单槽"V"形带轮结构作为带传动装置,其中带作为中间挠性件,通过与至少两个带轮接触面间的摩擦力传递运动和动力。装配结构包括轴、衬套、座体(支座)、带轮、键、螺母和止动垫片7个零件(图4-4)。按照装配顺序依次为:座体→衬套→轴→键→带轮→止动垫片→螺母。

(a) 三维模型

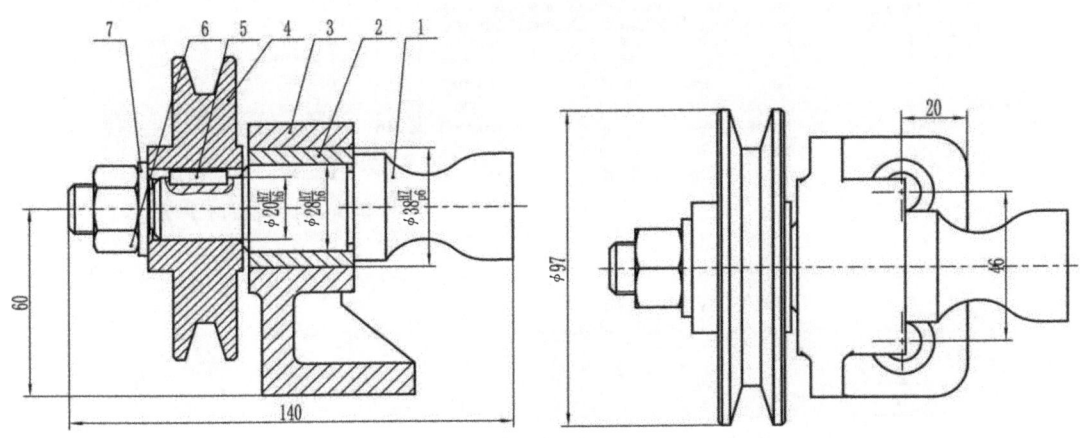

(b) 二维草图

1.轴;2.衬套;3.座体(支座);4.带轮;5.键;6.螺母;7.止动垫片。

图4-4 带轮座装配图

4.3.2 实施过程

1. 准备零件与创建文件

(1)根据前期工作,完成所有零件的三维建模,完成零件准备工作(表 4-3)。

表 4-3 零件准备

名称	带轮	止动垫片	轴	座体(支座)	键	衬套	螺母
图标							

(2)按快捷键 Ctrl+N,在弹出的"新建"窗口中选择"模型"选项卡中的"装配"文件类型,然后输入文件名称为"dailunzuo.prt",并指定文件的保存路径(建议保存在零件所在的同一文件夹内),最后单击"确定"按钮,如图 4-5 所示。

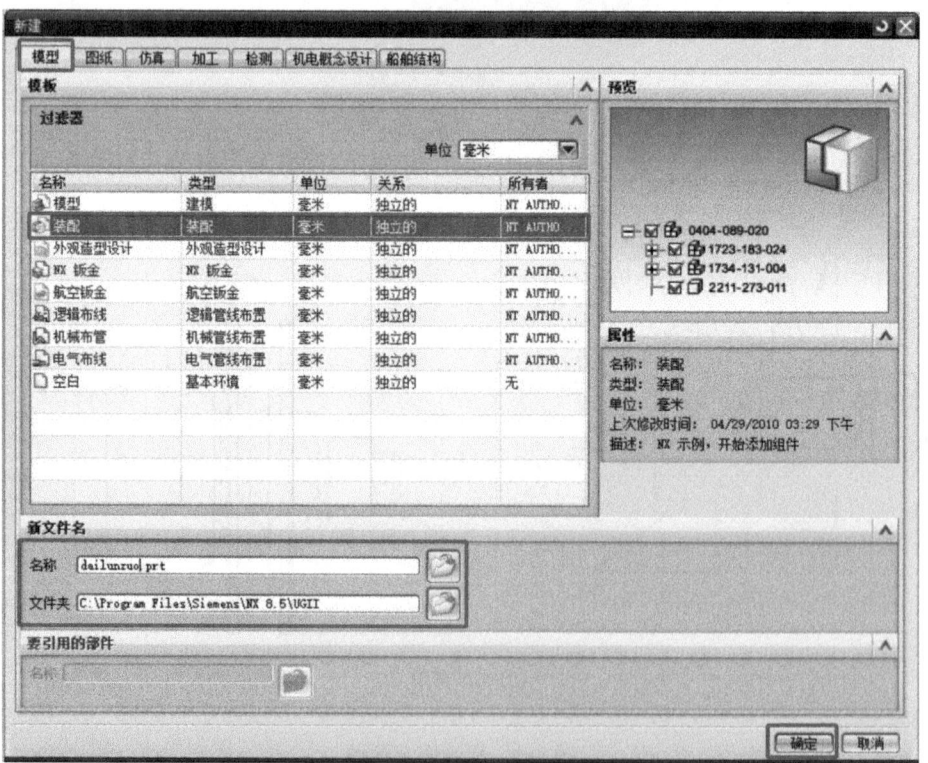

图 4-5 新建装配界面

2. 添加并定位座体

(1)创建文件后,进入三维装配的工作界面,并自动弹出"添加组件"对话框(如果没有自动弹出该对话框,或者对话框被关闭,可单击"装配"选项卡"组件"中的"添加"按钮)。

(2)单击"添加组件"对话框中的"打开"按钮,在弹出的"部件名"对话框中找到要添加的"luomu"零件,右上角会有该零件的预览图,然后单击"OK"按钮。在对话框的"位置"栏中,选择"绝对原点";在对话框的"放置"栏中,选择默认的"移动";在对话框"设置"栏中,"引用集"选择"模型",图层选项选择"原始的",如图 4-6 所示。单击"应用"按钮,弹出"创建固定约束"对话框。单击"是"按钮,完成座体零件的添加和定位。

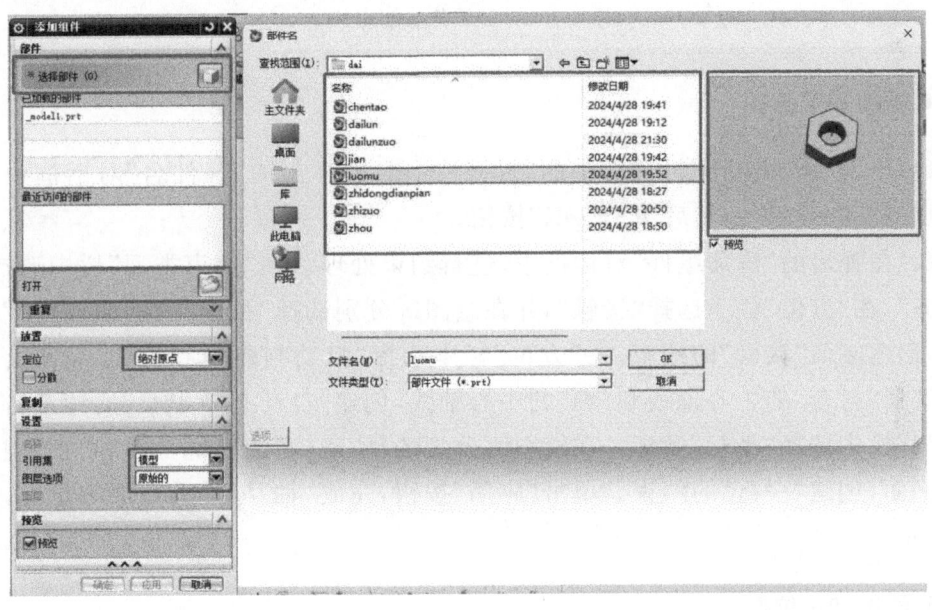

图 4-6 座体零件装配定位

3. 添加并定位衬套

(1)单击"添加组件"对话框中的"打开"按钮,在弹出的"部件名"对话框中找到要添加的"项目 2-衬套"零件,右上角会有该零件的预览图,然后单击"OK"按钮。

(2)在弹出的"添加组件"对话框中,"位置"栏分别选择"绝对坐标系"和"工作坐标系"(将组件放置于工作坐标系);"放置"栏选择默认的"约束"。选择"约束类型"栏的"接触对齐"图标,在"方位"栏中选择"对齐",并在绘图区分别选择"衬套"的端面和"座体"的端面,创建端面"对齐"的约束。

在"方位"栏中选择"自动判断中心/轴",并在绘图区分别选择"衬套"的中心轴线和"座体"的中心轴线,创建"自动判断中心"的约束。单击"应用"按钮,完成"衬套"零件的添加和定位,如图4-7所示。

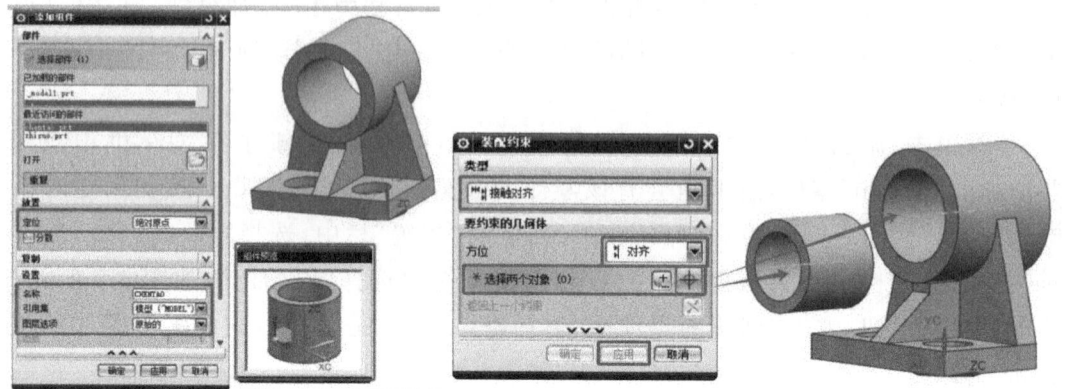

图4-7　衬套零件装配定位

4. 添加并定位轴

(1)单击"添加组件"对话框中的"打开"按钮,在弹出的"部件名"对话框中找到要添加的"zhou"零件,然后单击"OK"按钮。

(2)在弹出的"添加组件"对话框中,进行约束处理。在"约束类型"栏中选择"接触对齐",在"方位"栏中选择"接触",并在绘图区分别选择"衬套"的端面和"轴"的台阶面,创建端面"接触"的约束;在"方位"栏中选择"自动判断中心/轴",并在绘图区分别选择"衬套"的中心轴线和"轴"的中心轴线,创建"自动判断中心"的约束;在"约束类型"栏中选择"平行"图标。在绘图区分别选择"座体"的底部平面和"轴"键槽的底部平面,创建"平行"的约束。单击"应用"按钮,完成"轴"零件的添加和定位,如图4-8所示。

5. 添加并定位键

(1)单击"添加组件"对话框中的"打开"按钮,在弹出的"部件名"对话框中找到要添加的"jian"零件,然后单击"OK"按钮。

(2)在弹出的"添加组件"对话框中,在绘图区选择要放置的位置进行约束过程。在"约束类型"栏中选择"接触对齐"图标。在"方位"栏中选择"接触",并在绘图区分别选择键的底面和键槽的底面,创建端面"接触"的约束;在"方位"栏中选择"自动判断中心/轴",并在绘图区分别选择键的中心轴线和键槽的中心轴线,创建"自动判断中心"的约束。在"约束类型"栏中选择"平行"图标,并在绘图区分别选择键的侧面和键槽的侧面,创建"平行"约束。如果添加"平行"约束后位置相反,可以单击"反向"图标进行调整。单击"应用"按钮,完成键零件的添加和定位,如图4-9所示。

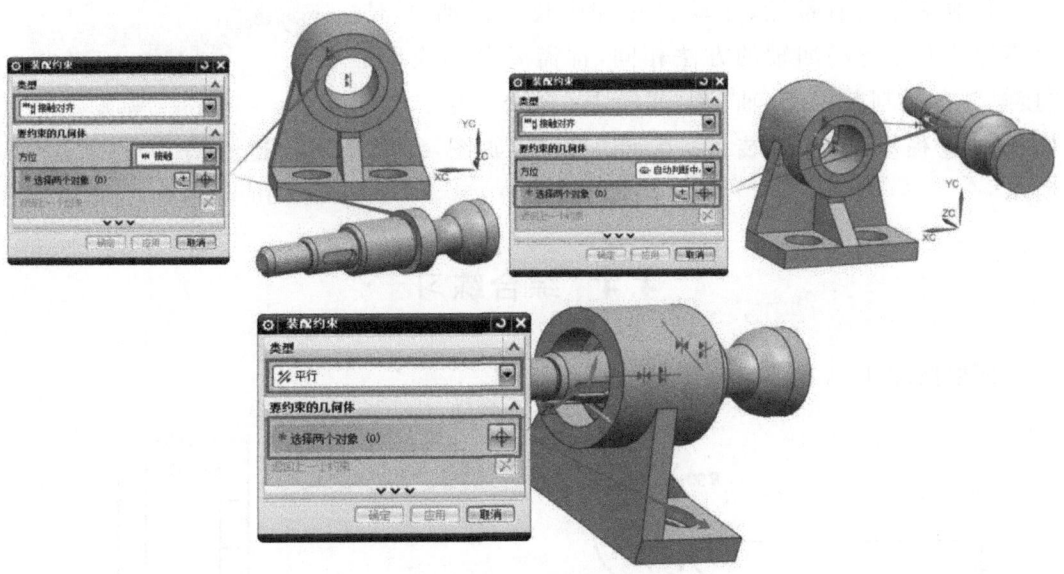

图 4-8 轴零件装配定位

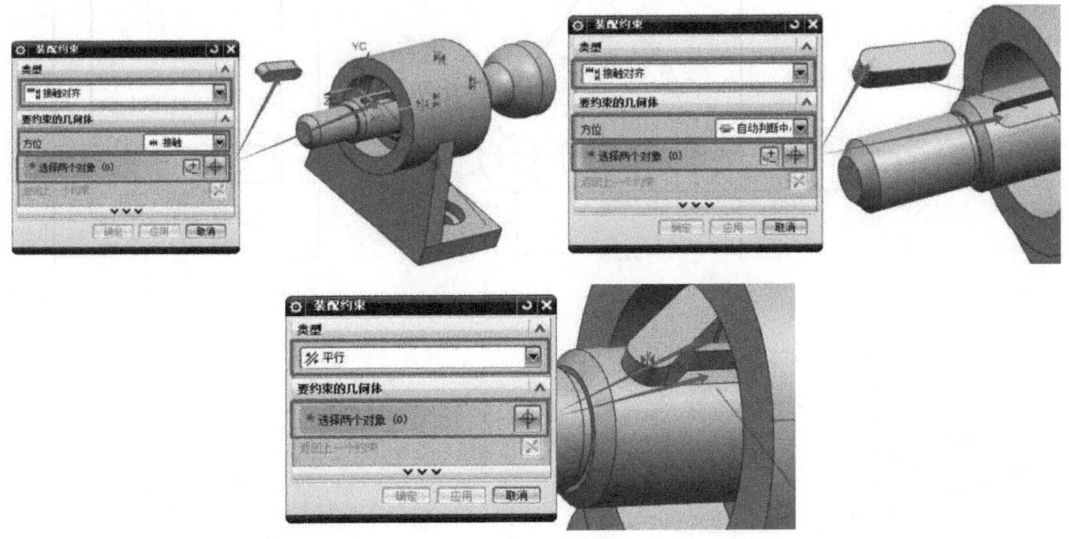

图 4-9 键零件装配定位

6. 添加并定位其他零件

其他零件还有带轮、止动垫片和螺母。添加这 3 个零件的方法与添加轴的方法相同，都需要分别应用"接触""自动判断中心/轴"和"平行"这 3 个约束。具体操作过程参照轴的装配，其装配结果如图 4-10 所示。

图 4-10 带轮座三维装配

4.4 综合练习

请根据图 4-11 中零件尺寸进行三维构图。

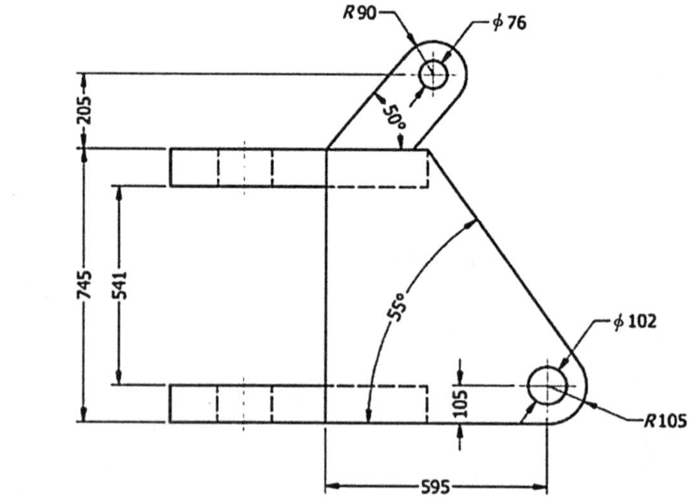

① 三视图1

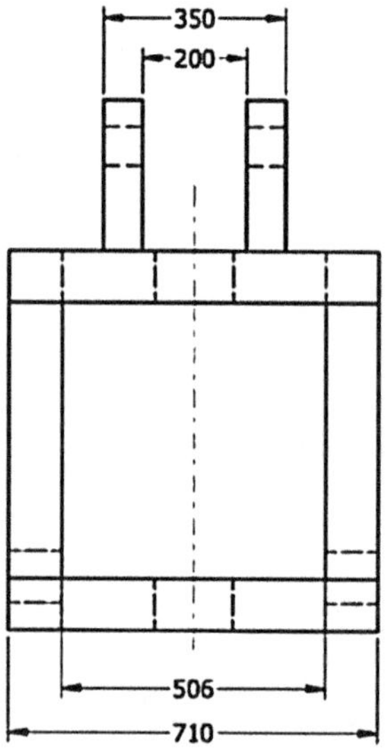

② 三视图2

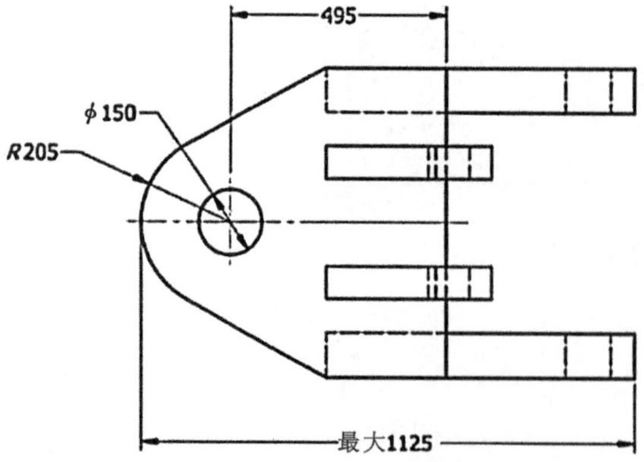

③ 三视图3

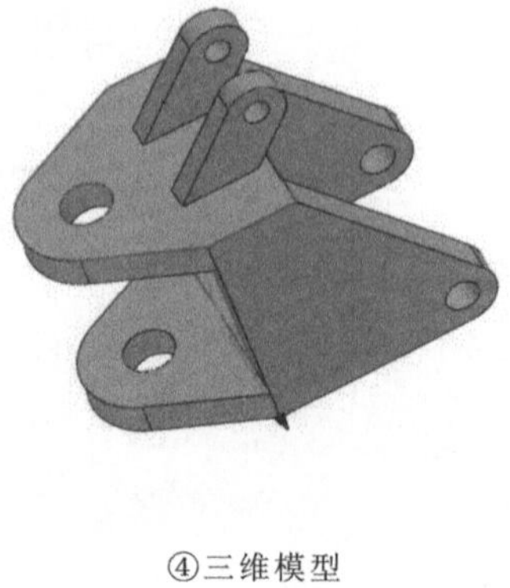

④ 三维模型

零件 1

项目 4 实体装配

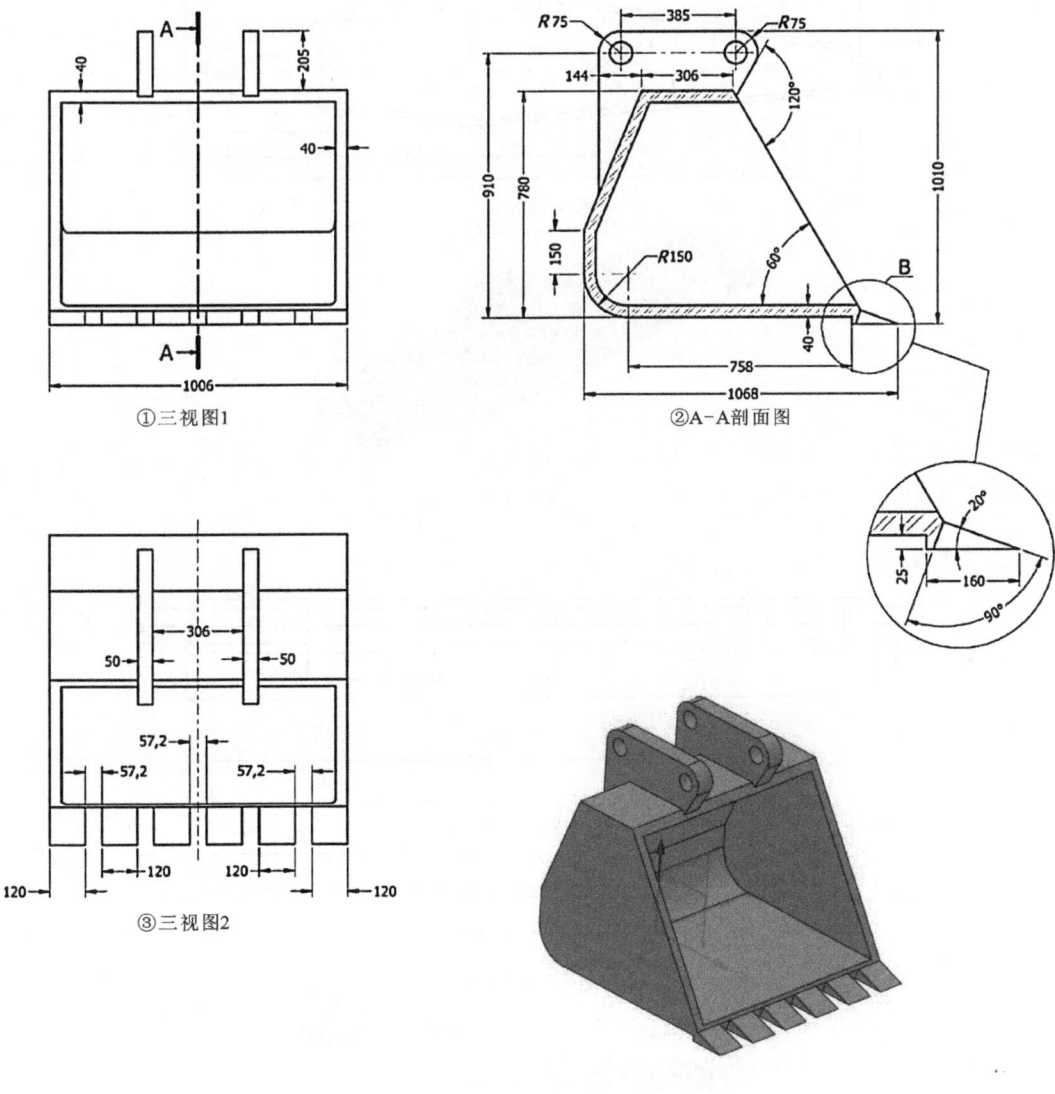

① 三视图1

② A-A剖面图

③ 三视图2

④ 三维模型

零件 2

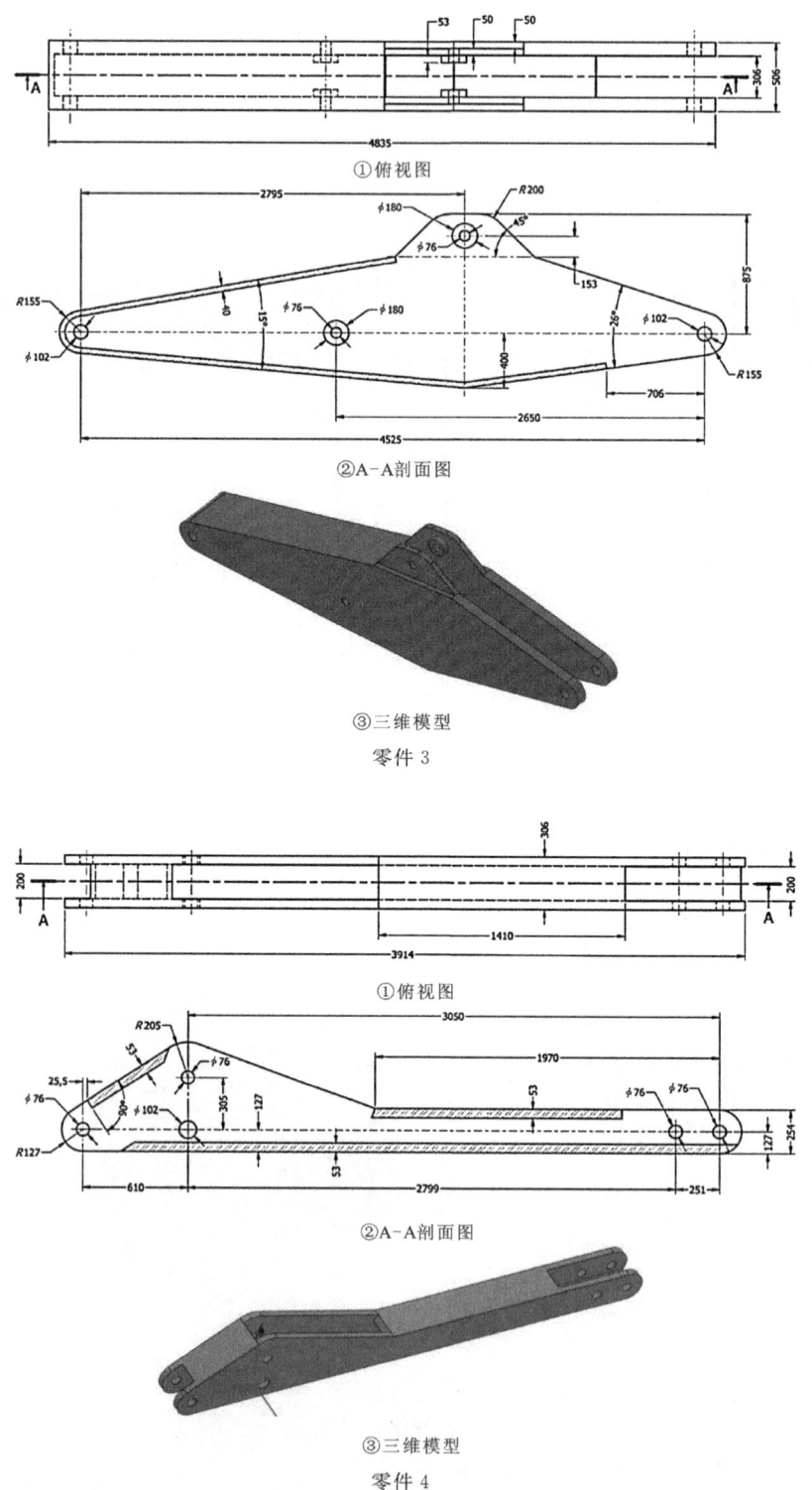

①俯视图

②A-A剖面图

③三维模型

零件3

①俯视图

②A-A剖面图

③三维模型

零件4

图4-11 "挖掘机铲斗臂"零件1~零件4

项目 5 综合案例一

5.1 案例分析

该项目设计一个简易万向轮结构,由轴、垫片、叉架、轮子和销 5 个零件组成(图 5-1)。通过对这些零件进行三维建模,学习如何使用 NX 软件,掌握创建和保存模型文件的方法,以及基本鼠标操作技巧。此外,还须掌握实体建模中圆柱、长方体、圆台和球等命令的应用,以及边倒圆、倒斜角和布尔运算等命令的使用技巧。

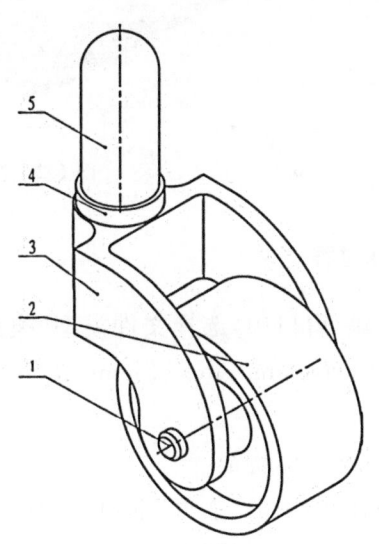

(a)三维模型　　　　　　　　　(b)二维草图

1.销;2.轮子;3.叉架;4.垫片;5.轴。

图 5-1 万向轮装配示意图

5.2 案例实施

5.2.1 任务1

1. 任务分析

如图 5-2 所示,销的外形为 $\phi12\times80$ 的圆柱体,两端有倒斜角,角度为 $1.5\times45°$。因此,在进行三维建模时,需要分别建立圆柱体和倒斜角的特征。倒角特征是在圆柱体特征的基础上创建的,因此需要先创建圆柱体特征。

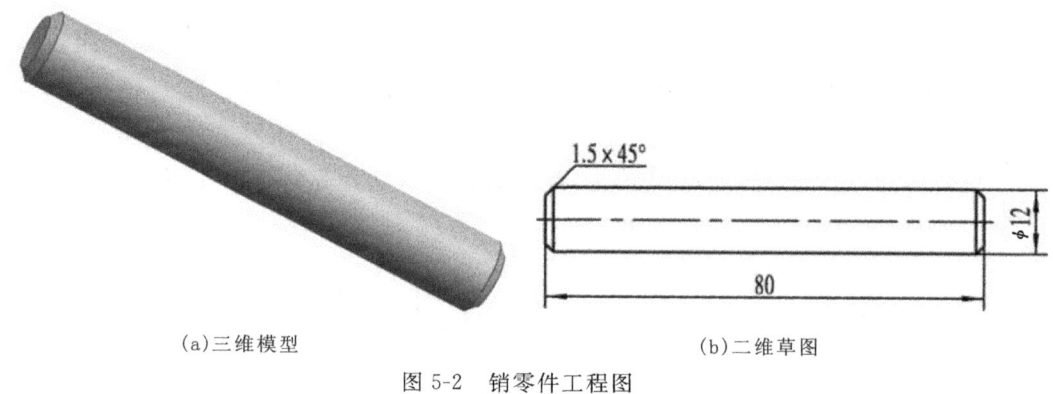

(a)三维模型　　　　　　　　　　　(b)二维草图

图 5-2 销零件工程图

2. 实施过程

在"新建"窗口中,选择文件类型"模型";输入文件名称"xiao";选择文件保存路径,如"C:\Program Files\Siemens\NX 8.5\UGII";单击"确定"按钮,如图 5-3 所示。

1)创建圆柱体特征

在功能区中单击"主页"选项卡"特征"组中的"更多"按钮;在弹出的下拉列表中单击"圆柱体"图标,如图 5-4 所示。

在弹出的"圆柱"对话框"类型"下拉列表中,选择圆柱类型为"轴、直径和高度";在"指定矢量"栏选择 ZC 方向,该方向为创建圆柱体的高度方向;在"指定点"栏选择默认状态,一般新建文件的默认状态为原点"0,0,0"。在选择过点的位置情况下,该点的坐标一般是上一次选择的坐标值;在"尺寸"栏中"直径"输入 12,"高度"输入 80,该步骤的操作方式如图 5-5 所示。单击对话框中的"确定"按钮,即可创建如图 5-6 所示的圆柱体特征。

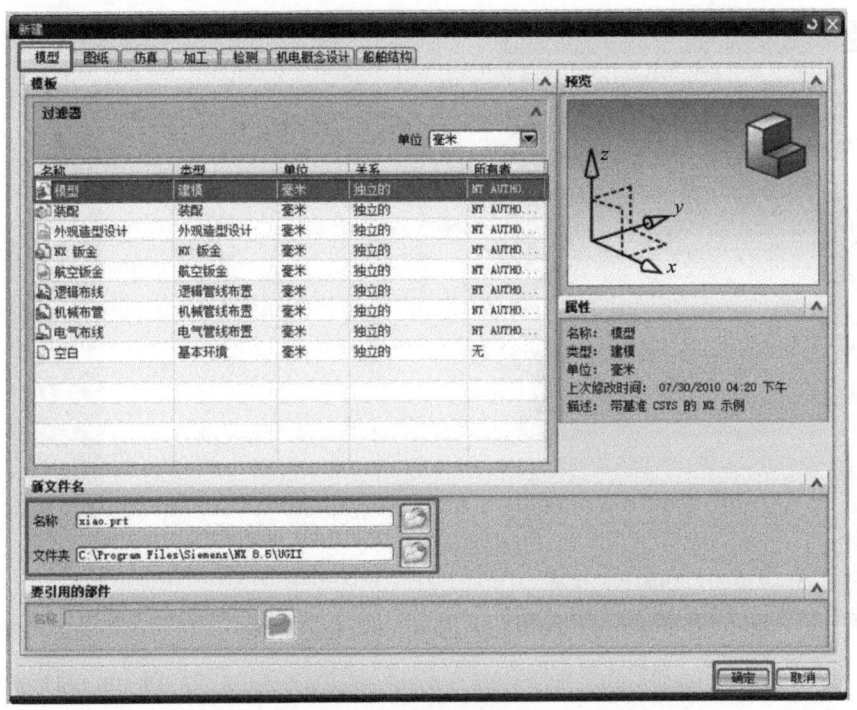

图 5-3 "新建"对话框 2

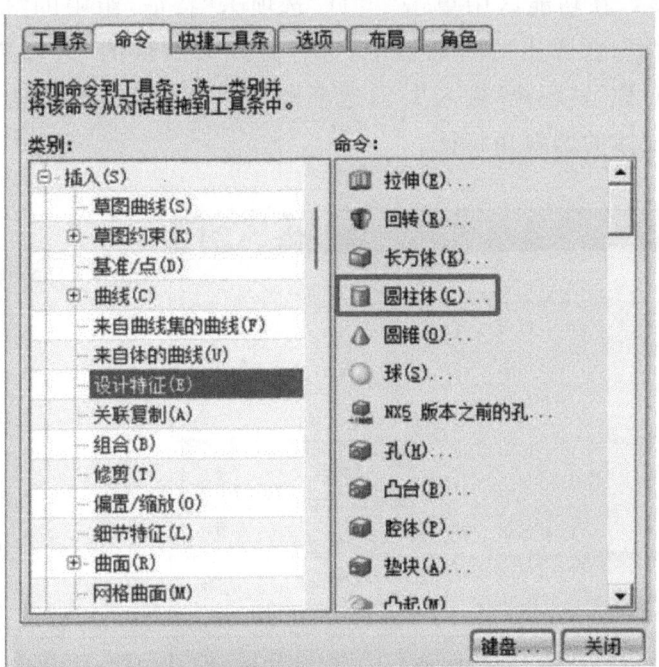

图 5-4 单击"圆柱体"图标

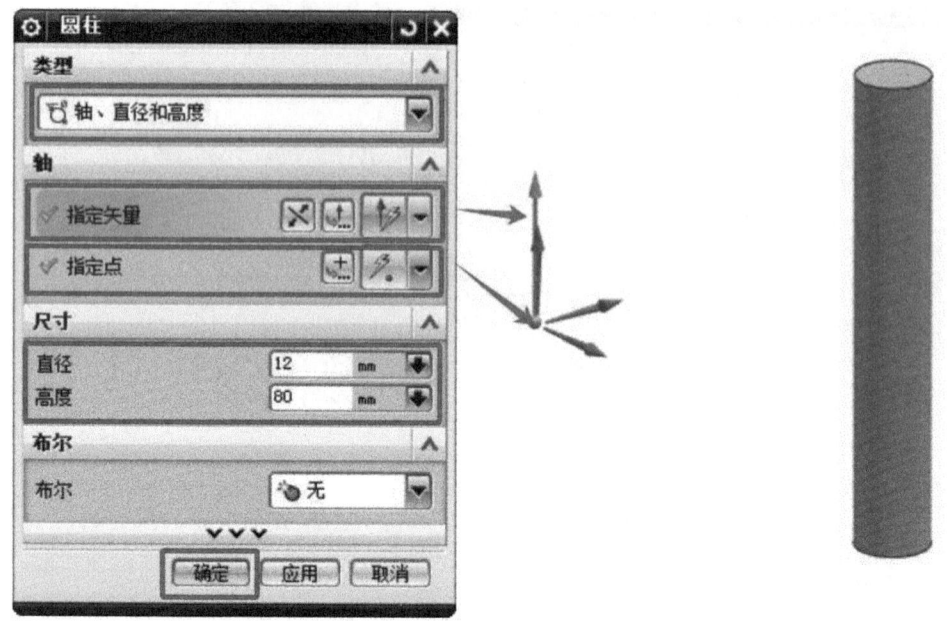

图 5-5　圆柱建模参数　　　　　图 5-6　圆柱体特征

2)创建倒斜角特征

如图 5-7 所示,在功能区中单击"主页"选项卡"特征"组中的"倒斜角"图标,弹出"倒斜角"对话框;在弹出的对话框中,选择方式为默认的"选择边";"偏置"栏的"横截面"选择"对称","距离"输入 1.5;选择圆柱体特征两端面的边圆;单击"确定"按钮,创建好圆柱体的倒斜角特征。

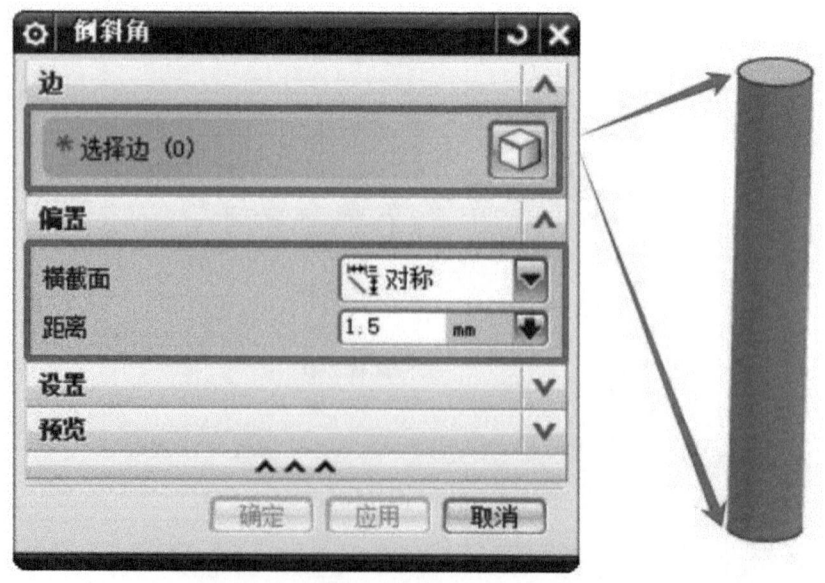

图 5-7　圆柱体倒斜角建模参数及特征

5.2.2 任务2

1. 任务分析

如图 5-8 所示,垫片的外形特征是 ϕ34×8 的圆柱体,内有 ϕ20×8 的孔。所以,三维建模时需要建立两个特征:圆柱体特征 1 和圆柱体特征 2。建立圆柱体特征 2 时,选用布尔求差运算。

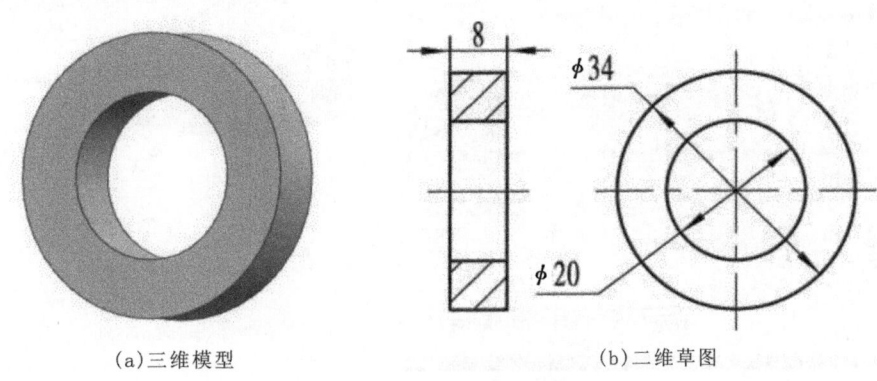

(a)三维模型　　　　　　　　　　(b)二维草图

图 5-8　垫片零件工程图

2. 实施过程

1)创建模型文件

启动 NX 软件,进入主界面。在主界面中,按 Ctrl+N 快捷键,在"新建"窗口中,选择文件类型为"模型";输入文件名称"dianpian";选择文件保存路径后单击"确定"按钮。

2)创建圆柱体特征

在功能区中单击"主页"选项卡"特征"组中的"更多"按钮,在弹出的下拉列表中单击"圆柱"图标。

在弹出的"圆柱"对话框"类型"下拉列表中,选择圆柱类型为"轴、直径和高度";在"指定矢量"栏中选择 ZC 方向,该方向为创建圆柱的高度方向;在"指定点"栏中选择默认状态;在"尺寸"栏中"直径"输入 34、"高度"输入 8。单击对话框中的"应用"按钮,即可创建如图 5-9 所示的圆柱体特征。

单击"应用"按钮后,修改"尺寸"栏中"直径"和"高度"的数值,分别修改为 20 和 8。在布尔运算的栏选择"减去",其他参数默认不变。单击对话框中的"确定"按钮,即可创建如图 5-10 所示的圆柱体特征。

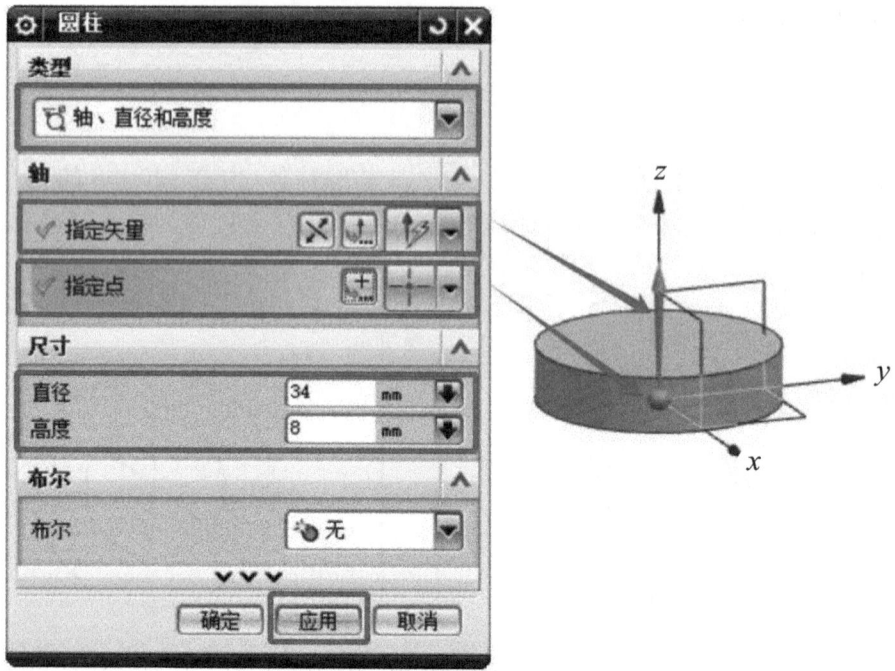

图 5-9　圆柱体特征 1

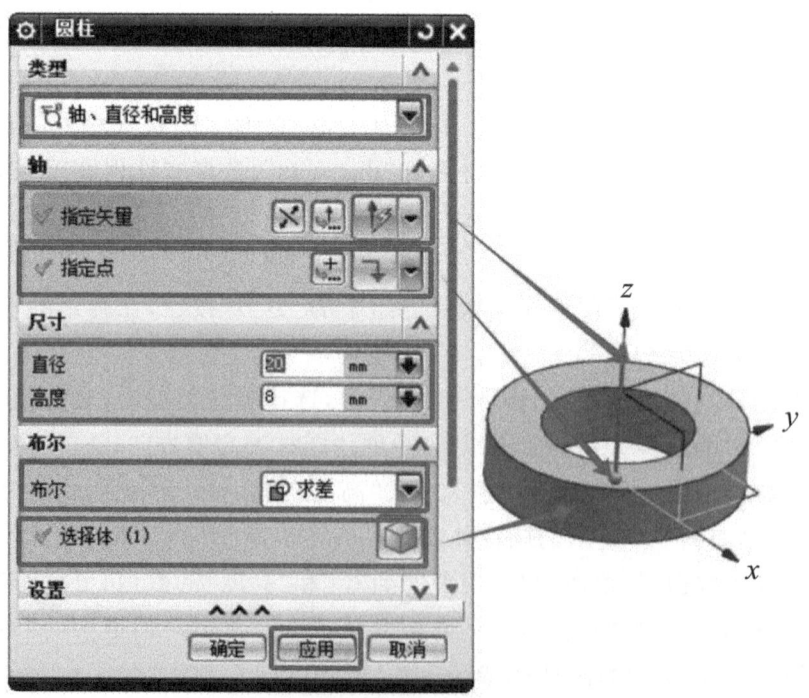

图 5-10　圆柱体特征 2

知识链接

"圆柱"对话框中的"布尔"下拉列表用于设置新创建的实体与绘图区中已有实体之间的布尔运算关系,以确定它们的空间组合方式。

"无"选项:选择此选项,则不进行布尔运算,当前所创建的特征将作为一个单独的实体而存在。

"合并"选项:选择此选项,可对当前创建的特征和绘图区中已有的实体进行求和运算,两者将合并为一个实体。

"减去"选项:选择此选项,可对当前创建的特征和绘图区中已有的实体进行求差运算,去掉两者相交的部分,得到新的实体。

"相交"选项:选择此选项,可对当前创建的特征和绘图区中已有的实体进行相交运算,取两者的相交部分作为一个新的实体。

注意:若绘图区中只有一个实体,系统将自动选中该实体进行布尔运算;若绘图区中存在多个实体,选择所需运算类型后,在绘图区或部件导航器中单击选择要进行布尔运算的实体。

5.2.3 任务 3

1. 任务分析

如图 5-11 所示,轴的外形特征分 4 个部分,分别是 $\phi20\times55$、$\phi30\times55$ 的圆柱体,以及球半径是 $SR15$ 的半球,还有 $\phi20$ 圆柱体端面有 $2\times60°$ 的倒斜角。所以三维建模时需要建立 4 个特征:两个圆柱体特征和一个球特征,要分别布尔求和,再创建倒斜角特征。

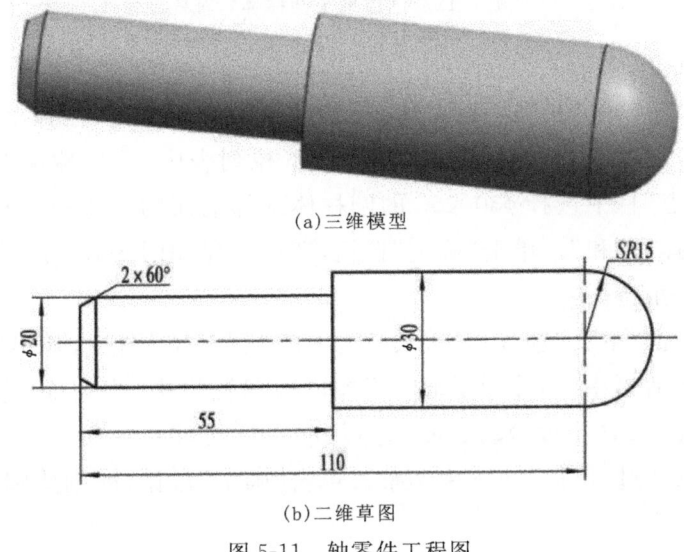

(a)三维模型

(b)二维草图

图 5-11 轴零件工程图

2. 实施过程

1)创建模型文件

在主界面中,按 Ctrl+N 快捷键,在"新建"窗口中,选择文件类型为"模型",输入文件名称"zhou";选择文件保存路径,单击"确定"按钮。

2)创建圆柱体特征

在弹出的"圆柱"对话框"类型"下拉列表中,选择圆柱类型为"轴、直径和高度";在"指定矢量"栏中选择 ZC 方向,该方向为创建圆柱的高度方向;在"指定点"栏中选择默认状态;在"尺寸"栏中"直径"输入 20,"高度"输入 55。单击对话框中的"应用"按钮,在"尺寸"栏中"直径"输入 30,"高度"输入 55;在"指定点"栏中选择 ϕ20 圆柱体顶部端面的圆心;布尔运算选择"求和"。单击对话框中的"确定"按钮,即可创建如图 5-12 所示的圆柱体特征。

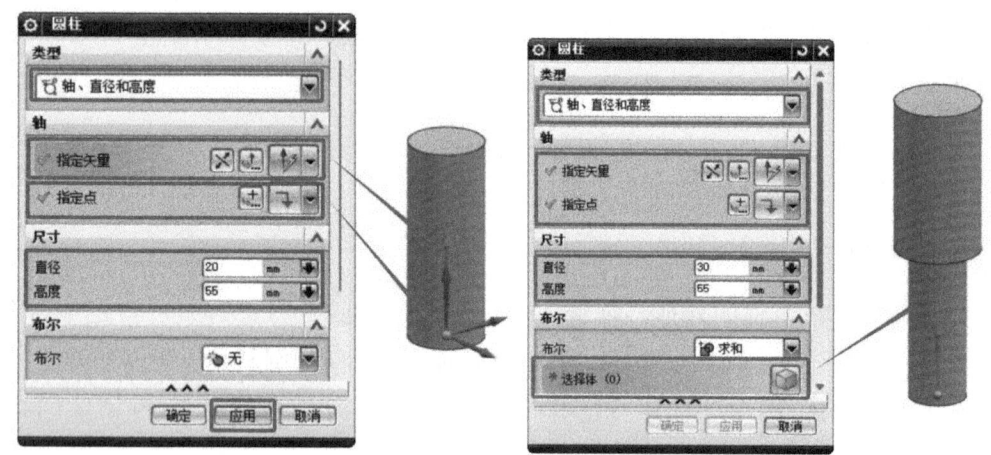

图 5-12　创建两个圆柱体特征

3)创建球特征

在功能区中单击"主页"选项卡"特征"组中的"更多"按钮,在弹出的下拉列表中单击"球"按钮。在弹出的"球"对话框"类型"下拉列表中,选择球类型为"中心点和直径";在"指定点"栏中选择 ϕ30×55 的圆柱体顶部端面的圆心;在"直径"栏中输入 30;布尔运算选择"求和"。单击"确定"按钮,即可创建如图 5-13 所示的球特征。

4)创建倒斜角特征

在功能区单击"主页"选项卡"特征"组中的"倒斜角"图标,弹出"倒斜角"对话框。在弹出的对话框中,选中默认的"选择边";偏置栏中"横截面"选择"偏置和角度",在"距离"输入 2,"角度"输入 60°;选择 p_{20}×55 圆柱特征底部端面的边圆,距离位置的方向可以通过"反向"图标来调整。单击"确定"按钮,即创建圆柱的倒斜角特征,如图 5-14 所示。

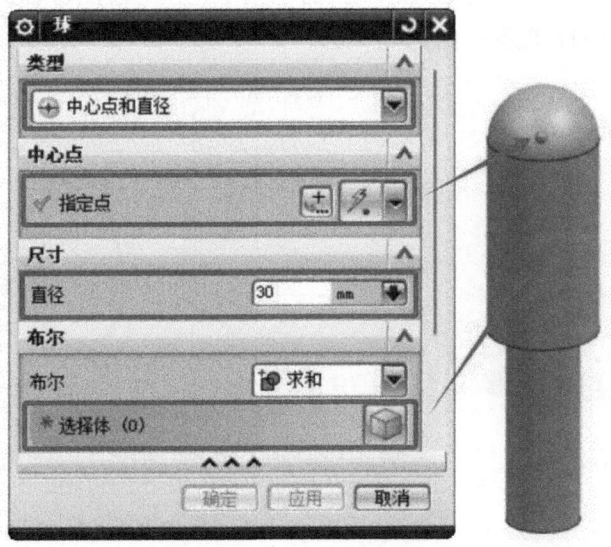

图 5-13 创建球特征

图 5-14 创建倒斜角特征

5.2.4 任务 4

1. 任务分析

如图 5-15 所示,轮子的外形特征分为 7 个部分,分别是 $\phi 90 \times 44$ 的圆柱体,以及两侧 $\phi 76 \times 12$ 的盲孔,两侧 $(\phi 32 - \phi 22) \times 15$ 的圆台,中间是 $\phi 12 \times 50$ 的通孔,还有两

个 $R5$ 的圆角。建模顺序依次是:$\phi90$ 圆柱体→两个 $\phi76$ 圆柱特征分别求差→两个圆台分别求和→$\phi12$ 圆柱求差→倒圆角 $R5$。

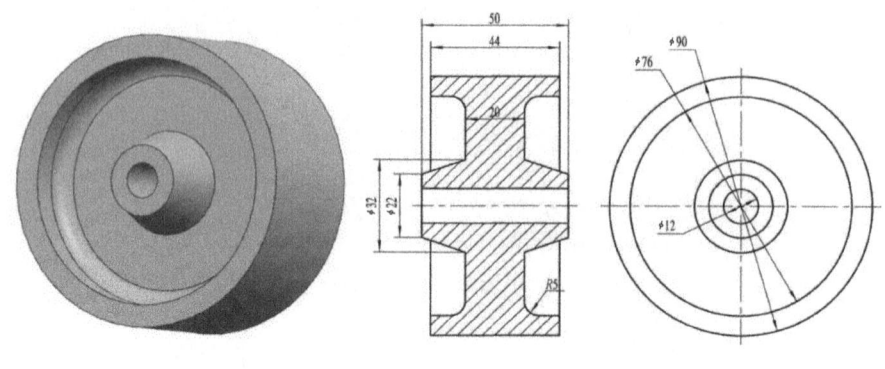

(a)三维模型　　　　　　　　　　　(b)二维草图

图 5-15　轮子零件工程图

2. 实施过程

1) 创建圆锥体特征

在功能区中单击"主页"选项卡"特征"组中的"更多"按钮,在弹出的下拉列表中单击"圆锥"按钮,弹出"圆锥"对话框,如图 5-16 所示。在"类型"下拉列表中选择类型为"直径和高度";在"指定矢量"栏中选择 ZC 方向(与 $\phi90$ 圆柱体方向一致),该方向为创建圆锥的高度方向;在"指定点"栏中选择 $\phi76$ 盲孔底部圆的圆心;在"尺寸"栏"底部直径"输入 32,"顶部直径"输入 22,"高度"输入 15;布尔运算选择"求和"。单击对话框中的"应用"按钮。重复上述步骤,完成另一端圆台的建模。

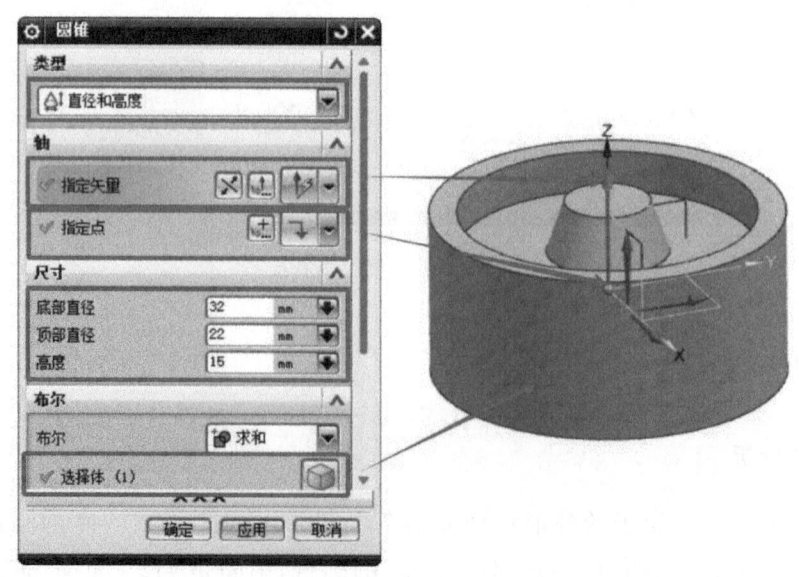

图 5-16　创建圆锥体特征

2)创建圆角特征

在功能区中单击"主页"选项卡"特征"组中的"边倒圆"图标,弹出"边倒圆"对话框,如图 5-17 所示。在该对话框中,"半径"输入 5;默认"选择边",同时选择两条 $\phi76$ 底部端面的边圆;单击"确定"按钮,创建圆柱的"边倒圆"特征。

图 5-17 创建圆角特征

5.2.5 任务 5

1. 任务分析

如图 5-18 所示,叉架是由长方体和圆柱体组成的,主体是 70mm×75mm×65mm 的长方体(指定点"0,0,0"),其左下角切去 70mm×35mm×25mm 的长方体(指定点"0,0,0"),底部合并 $\phi40×70$ 的圆柱体(指定矢量 XC,指定点"0,55,0"),以及右侧合并 $\phi36×40$ 的圆柱体(指定矢量 ZC,指定点"35,−10,25"),中间减去 54mm×67mm×85mm 的长方体(指定点"8,8,−20"),再分别倒圆角,圆角半径分别为 $R60$、$R20$、$R10$、$R5$,最后分别减去 $\phi20×40$ 和 $\phi12×70$ 的圆柱体(指定点分别是 $\phi36$ 和 $\phi40$ 的圆心),可参考如表 5-1 所示的建模顺序创建叉架的零件工程图。

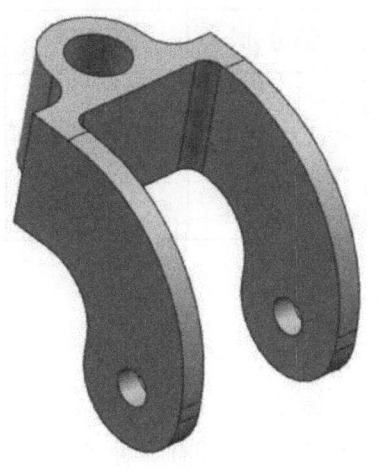

(a)三维模型

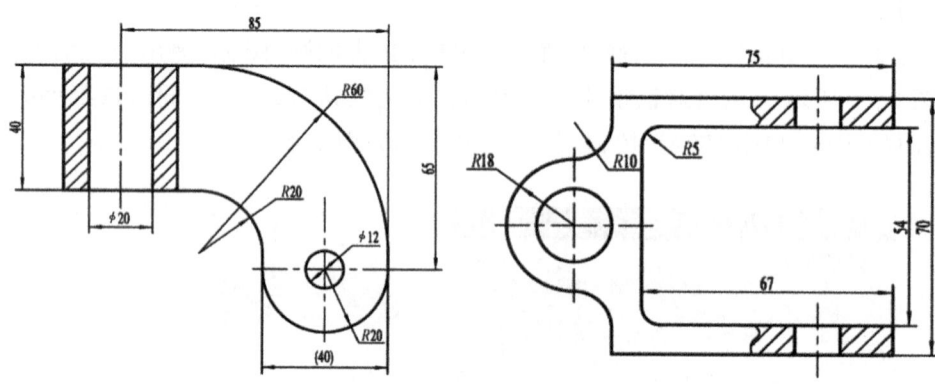

(b)二维草图

图5-18 叉架零件工程图

表5-1 建模顺序

第1步	第2步	第3步	第4步	第5步
第6步	第7步	第8步	第9步	第10步

2. 实施过程

1)创建长方体特征

长方体特征的建模一般分5个步骤,如图5-19所示。

类型的选择:其有3种类型,一般都选择第一种(原点和边长)。

(1)指定点:系统默认的指定点为坐标原点,指定点的选择与圆柱体建模指定点选择一样。

(2)尺寸:原点和边长需要输入长度、宽度、高度3个参数,这3个参数的矢量方向是固定的,分别是XC、YC、ZC的正方向,所以参数不能输入负值或0。

(3)布尔运算:分别是"求和""减去""相交"。单击"确定"按钮。

2)创建其他特征

空间基本实体合并和减去的建模中,指定矢量一般基于空间坐标系,通常只需

图 5-19 长方体特征操作步骤

要定义一个方向以便于理解和选择;而在指定点中,尽可能选择现有特征中的特殊点,如端点、中点、圆心、象限点等。假如所需要的指定点不能直接选择指定,如创建右侧合并 φ36×40 的圆柱,该点的圆心不是特殊点,则可以先选择就近点。选择就近直线的中点,再打开点的对话框,会显示该空间点的绝对坐标。这样,只需编辑 YC 方向的相对坐标−10(尺寸 75~85)。单击对话框中的"确定"按钮,完成指定点的设置,如图 5-20 所示。

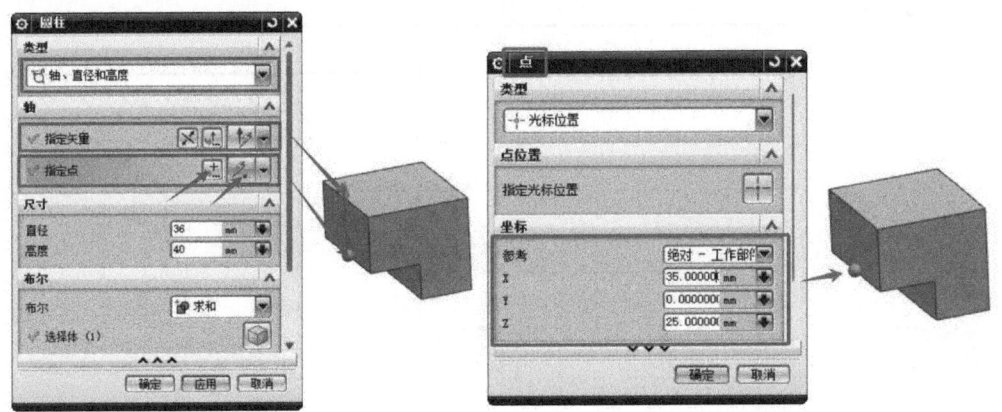

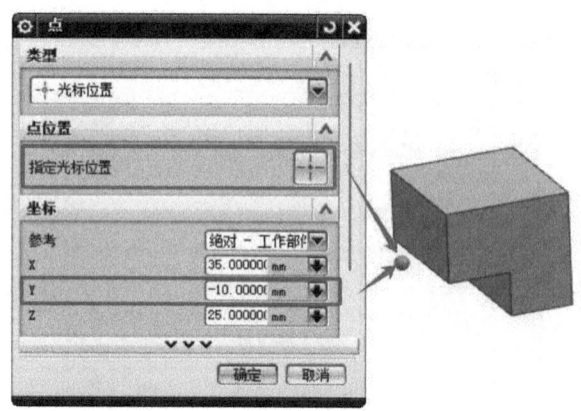

图 5-20　侧面圆柱体创建

5.3　综合练习

请完成以下"挖掘机铲斗臂"的零件 5～零件 8 三维建模(图 5-21),同时结合 4.4 中零件 1～零件 4 完成总体装配模型。

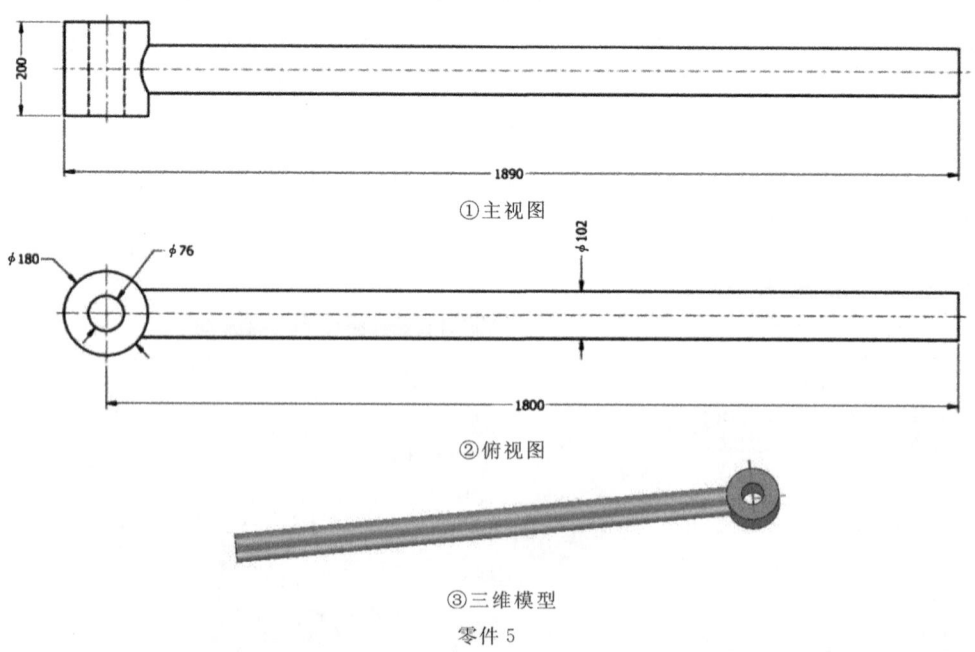

①主视图

②俯视图

③三维模型

零件 5

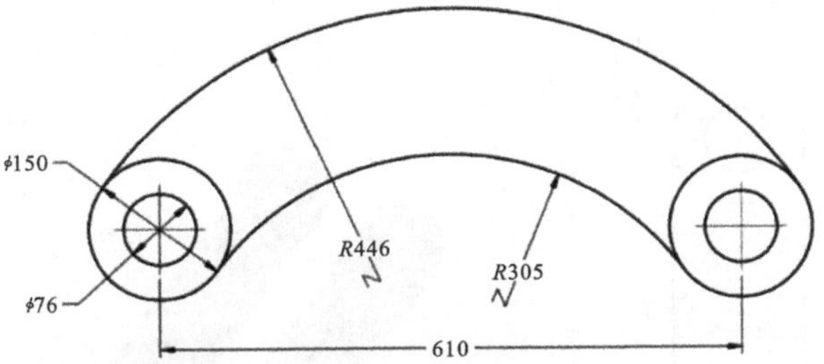

项目5 综合案例一

①主视图

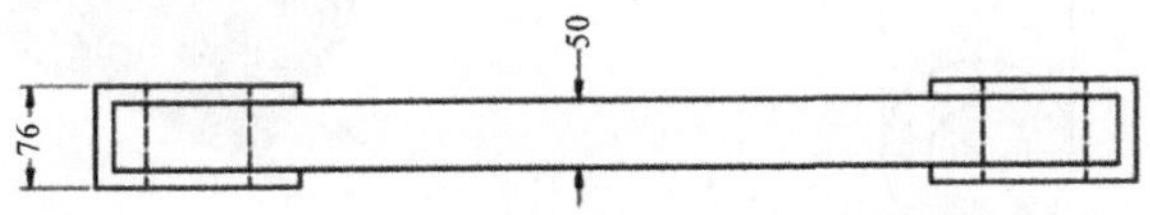

②俯视图

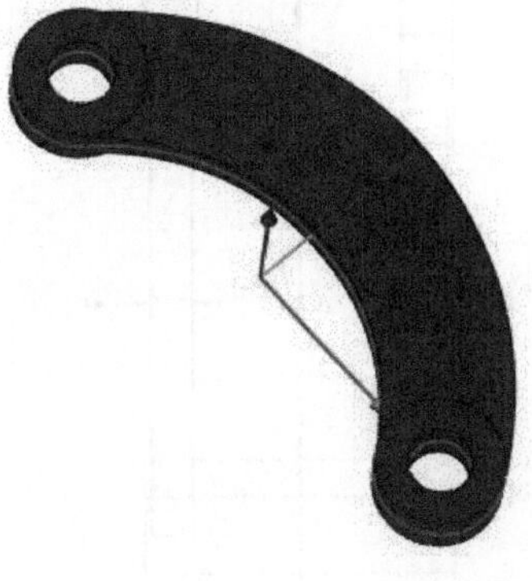

零件 6

③三维模型

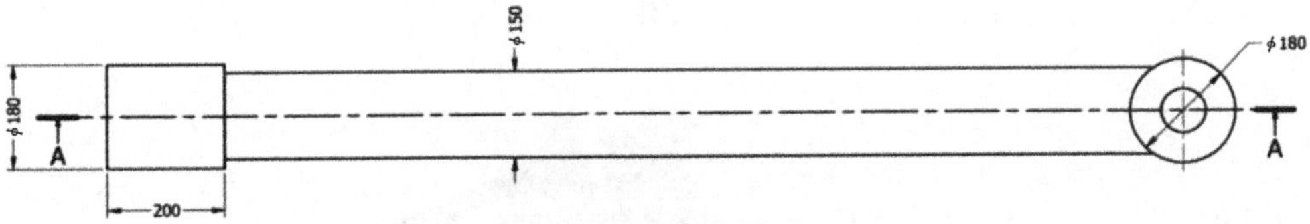

①俯视图

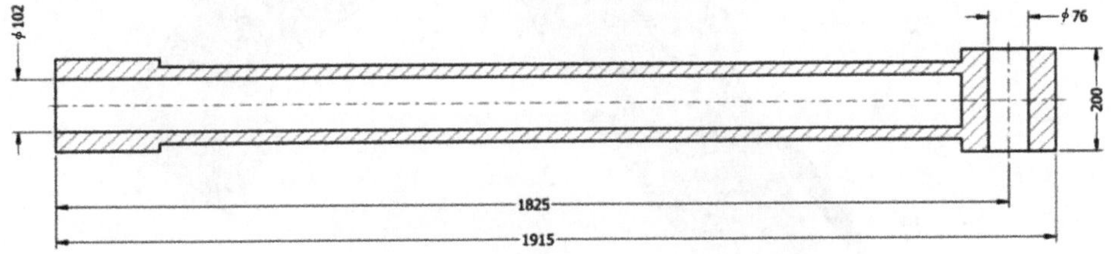

②A-A剖面图

③三维模型

零件 7

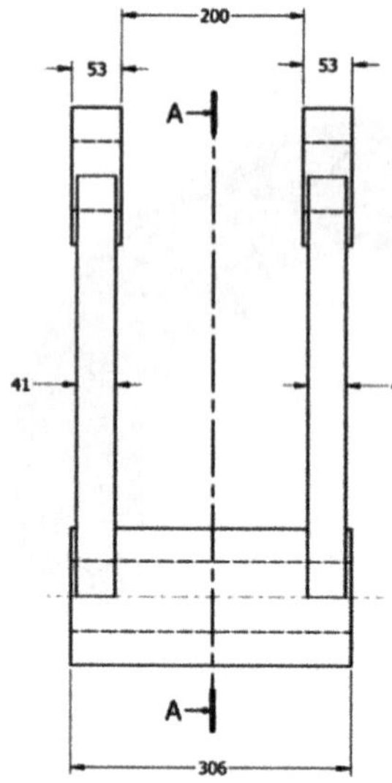

①主视图 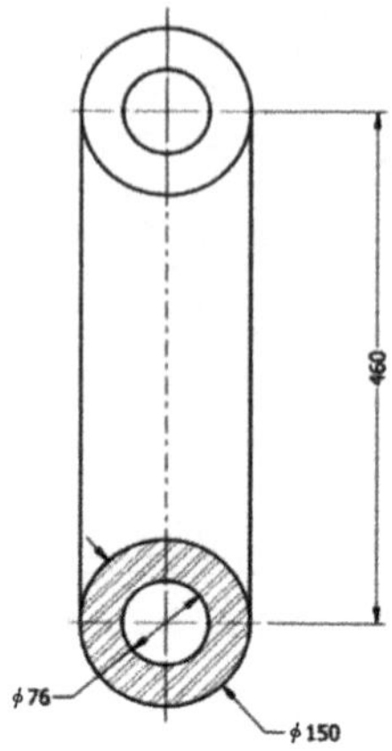　　　②A-A剖面图 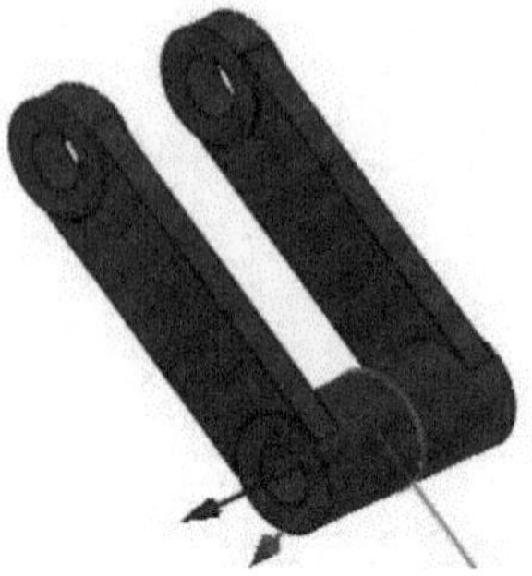　　　③三维模型

零件 8

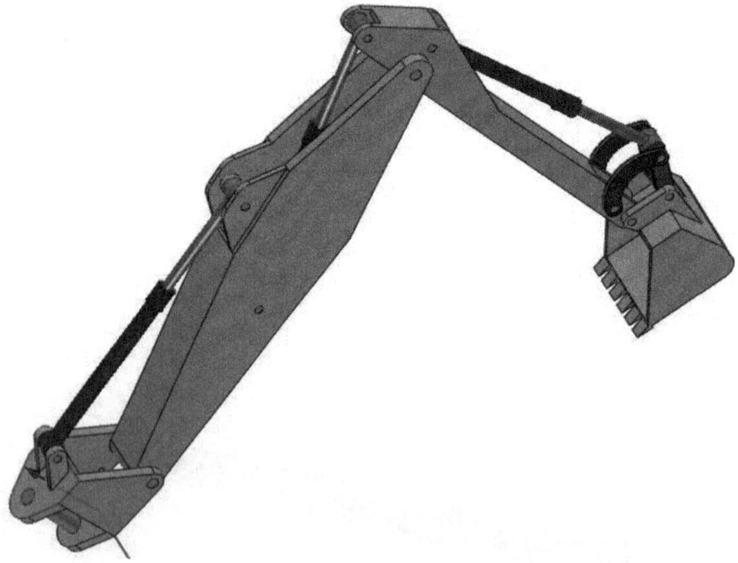

总体装配图

图 5-21 "挖掘机铲斗臂"零件图

项目6　综合案例二

6.1　案例分析

该项目主要基于几种典型的齿轮结构进行建模,考查学生对直齿轮、斜齿轮以及锥齿轮基本参数的了解和掌握程度,同时针对实体建模中的特征镜像、阵列等命令操作,使学生学会使用"GCT 工具箱"进行齿轮建模。齿轮是非常重要的零部件,故作为单独一章进行案例学习。

齿轮是指轮缘上有齿,能连续啮合传递运动和动力的机械元件,主要由轮齿和轮体两部分组成。轮齿是齿轮的关键部分,用于与其他齿轮的轮齿啮合,传递运动和动力。轮体则用于支撑轮齿,并作为安装和固定的基础。齿轮的主要参数有模数、齿数、螺旋角、压力角、齿高系数、径向间隙系数、齿宽、中心距、直径以及变为系数等,在设计齿轮时,需要确定这些参数来确保齿轮的性能和传动效果。齿轮的类型较多,有直齿轮、斜齿轮、锥齿轮(图 6-1)、双斜齿轮(人字齿)、内齿轮、齿条、面齿轮、蜗轮蜗杆等。齿轮传动是现代机械传动中应用最广泛的一种传动方式,具有传动准确、效率高、结构紧凑、工作可靠、寿命长等优点,被广泛应用于汽车、航空航天、船舶、冶金、矿山、石油、化工、纺织、印刷、食品、农机等多个工业领域。

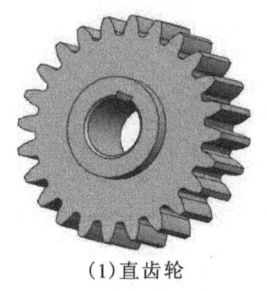
(1)直齿轮

(2)斜齿轮

(3)锥齿轮

图 6-1　齿轮模型示意图

6.2 案例实施

6.2.1 任务1

1. 任务分析

直齿圆柱齿轮,是指齿线方向与齿轮轴线平行的圆柱齿轮。其结构主要由轮齿和轮体两部分组成,轮齿均匀分布在圆柱体表面。直齿圆柱齿轮的齿形一般为渐开线齿形,这种齿形设计有助于实现平稳的传动并减少磨损。直齿圆柱齿轮具有结构紧凑、制造容易、传动平稳以及承载能力强等特点,广泛应用于汽车、工业机械以及交通运输等领域。

本节主要完成直齿轮的三维建模任务,图 6-2 和表 6-1 分别为直齿轮零件工程图、直齿轮参数表,建模过程中需要应用"圆柱齿轮建模""拉伸""倒斜角"等命令。

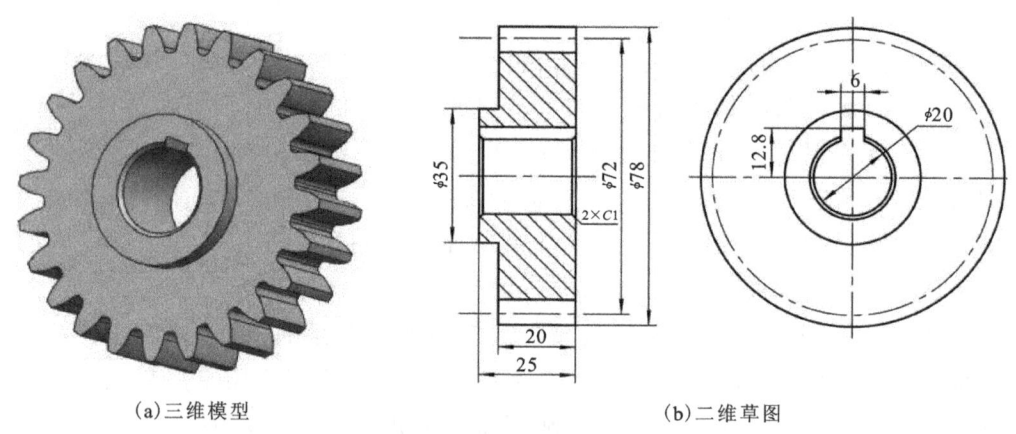

(a)三维模型　　　　　　　　　　　(b)二维草图

图 6-2　直齿轮零件工程图

表 6-1　直齿轮参数表

参数名	模数 m/mm	齿数 Z/个	压力角 α
参数值	3	24	20°

在 NX 中,主要通过"GC 工具箱"对齿轮进行模型创建以及修改等,如图 6-3 所示。GC 工具箱是一个功能强大、实用便捷的工具箱,为用户提供全方位的设计支持。它不仅满足了用户对制图标准和标准件的需求,还通过丰富的设计工具和功能模块提高设计效率和准确性。在本节中,直齿圆柱齿轮的建模过程为:"GC 工具箱"→齿轮建模→圆柱齿轮建模→创建齿轮→直齿轮、外啮合、滚齿→确定→渐开线

圆柱齿轮参数(参数修改)→确定。

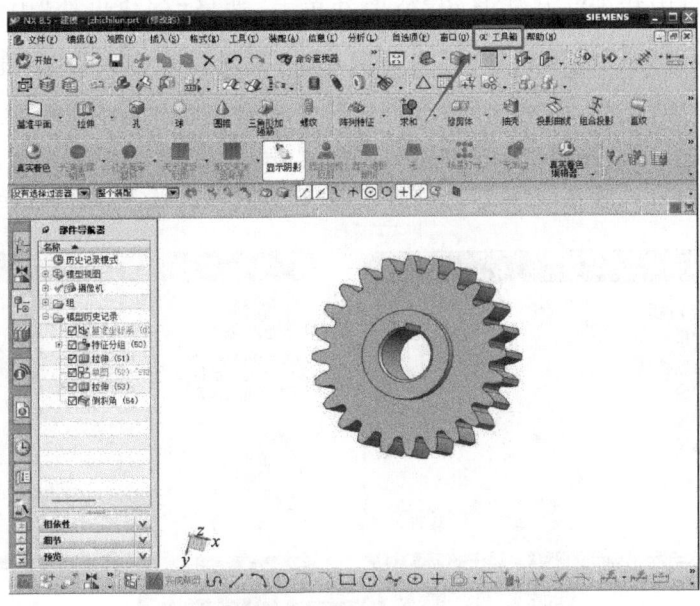

图 6-3 "GC 工具箱"

2. 实施过程

1) 创建模型文件

在"新建"窗口中,选择文件类型"模型";输入文件名称"zhi chi lun";选择文件保存路径,如"C:\Program Files\Siemens\NX8.5\UGII";单击"确定"按钮,如图 6-4 所示。

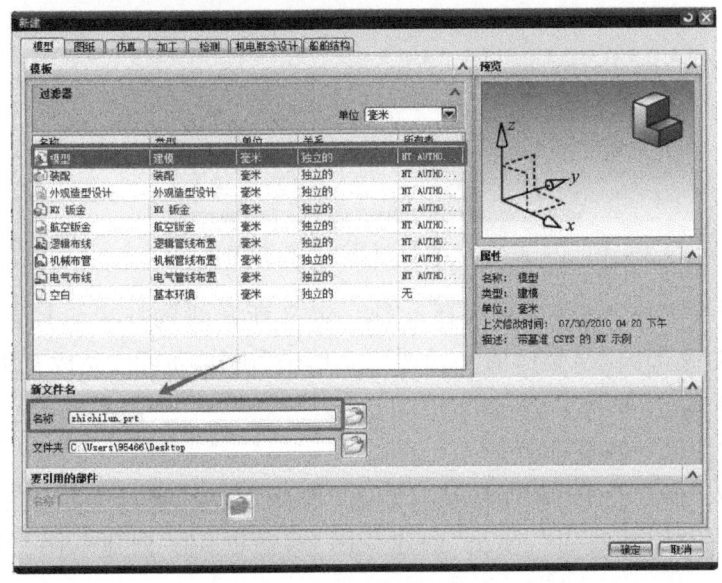

图 6-4 "新建"对话框 3

2)创建直齿轮基本体

在建模主页中找到"GC 工具箱"位置并单击,选择"创建齿轮"中的圆柱齿轮建模 ,得到"渐开线圆柱齿轮建模"对话框,选取齿轮操作方式为"创建齿轮"。定义渐开线圆柱齿轮的类型,分别选择"直齿轮""外啮合齿轮""滚齿"的加工方式。编辑渐开线圆柱齿轮参数,选择"标准齿轮",齿轮名称为"直齿轮",输入直齿圆柱齿轮主要参数(参照表 6-1),其他参数选择默认并单击"确定"按钮,如图 6-5 所示。

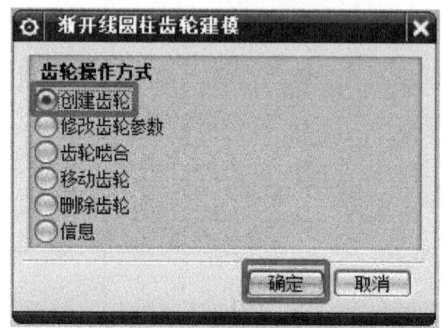
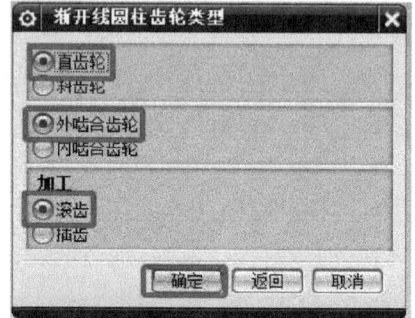
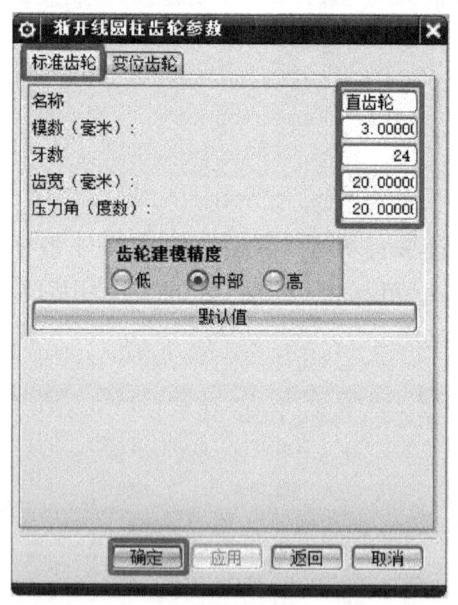

图 6-5　直齿圆柱齿轮参数编辑

定义渐开线圆柱齿轮矢量,选择 z 轴。定义渐开线圆柱齿轮插入点,选择 XY 原点,即为齿轮底部圆心(坐标值"0,0,0")。单击"确定"按钮,完成直齿圆柱齿轮创建,如图 6-6 所示。

3)创建齿轮轮毂圆柱体特征

选择"插入"命令中的"设计特征",点击"拉伸"命令,弹出"拉伸"对话框。选择"选择曲线"栏的"绘制截面",弹出"创建草图"对话框,在"创建草图"对话框中选择

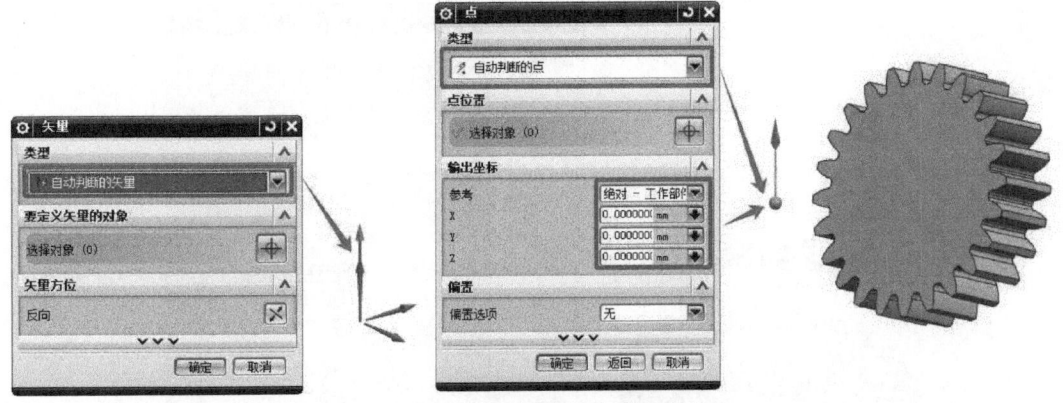

图 6-6 直齿圆柱齿轮基本体

默认的 XY 平面作为草绘的基准平面,如图 6-7 所示。单击"确定"按钮,进入二维草图绘制界面,以坐标原点为圆心,绘制 φ35 的圆,单击"完成草图";弹出"拉伸"命令,在"限制"栏中,"开始"对话框中输入 0,"结束"对话框中输入 25,"指定矢量"选择 z 轴方向,生成圆柱体;"布尔"运算选择"求和","选择体"选择齿轮基本体,其他命令默认。单击"确定"按钮,完成齿轮轮毂的圆柱体特征创建。

图 6-7 圆柱体特征二维草图创建

4)创建齿轮轮毂孔及键槽特征

选择"插入"命令中的"设计特征",点击"拉伸"命令,弹出"拉伸"对话框。选择"选择曲线"栏的"绘制截面",弹出"创建草图"对话框,在"创建草图"对话框中选择默认的 XY 平面作为草绘的基准平面。单击"确定"按钮,进入二维草图绘制界面,以齿轮中心为圆心,绘制如图 6-9 所示的二维草图,单击"完成草图";弹出"拉伸"命令,在"限制"栏中,"开始"对话框中输入 0,"结束"对话框中选择贯通,"指定矢量"选择 z 轴方向,生成通槽截面;"布尔"运算选择"求差","选择体"选择齿轮基本体和圆柱体,其他命令默认。单击"确定"按钮,完成齿轮轮毂孔及键槽特征创建,如图 6-10 所示。

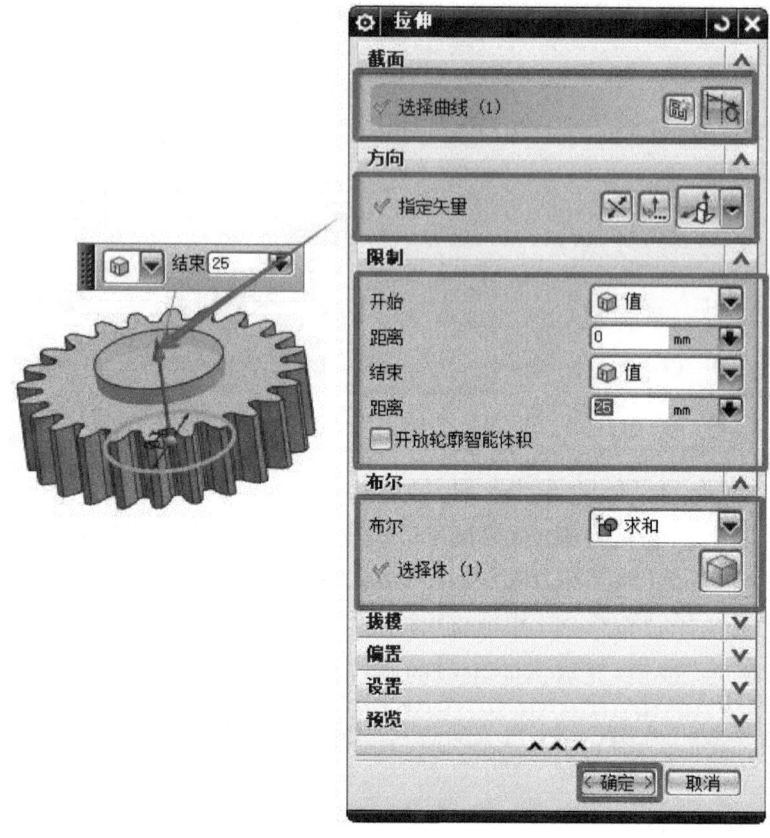

图 6-8 齿轮轮毂圆柱体特征创建

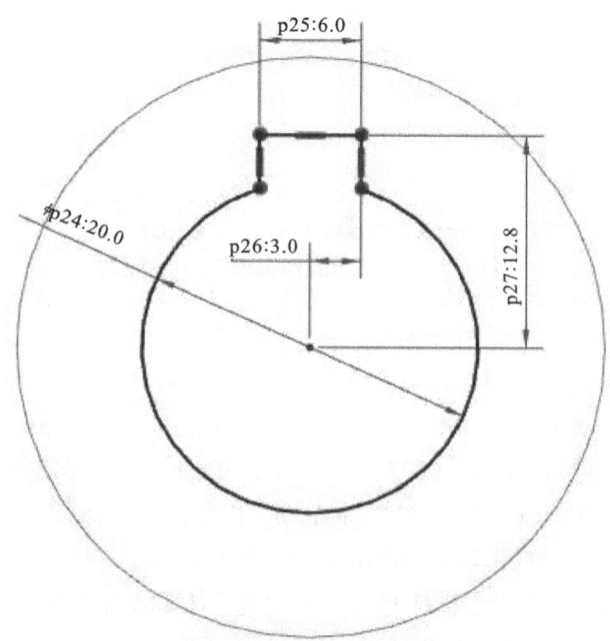

图 6-9 轮毂孔及键槽二维草图

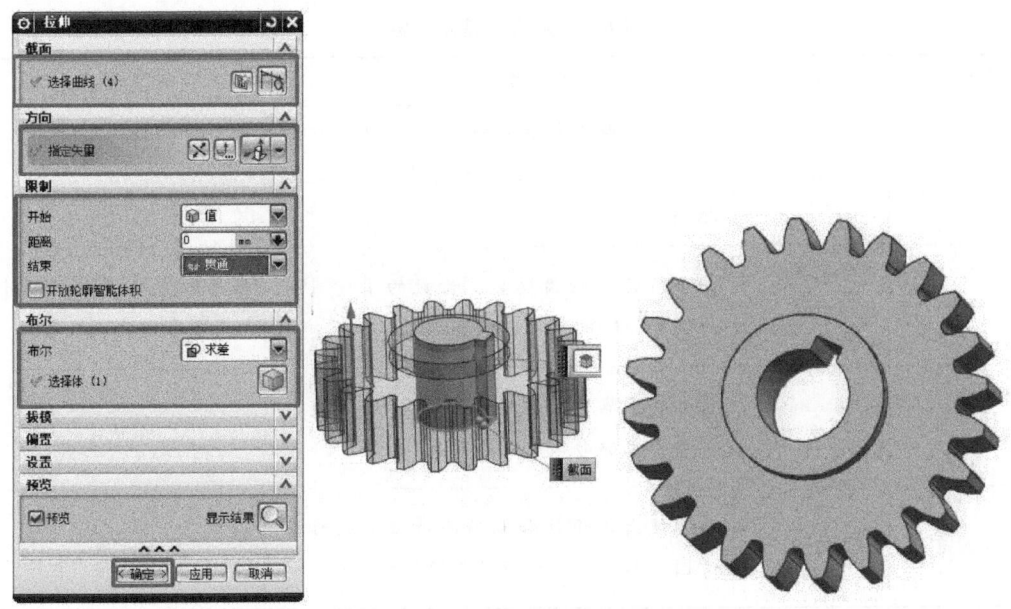

图 6-10　齿轮轮毂孔及键槽特征创建

5) 创建倒斜角特征

选择"插入"命令中的"细节特征",点击"倒斜角"命令,弹出"倒斜角"对话框。"选择边"分别选择绘图区域 $\phi20$ 通孔的两条圆弧,"偏置"栏选择"对称"偏置,"距离"对话框中输入 1,其他各项默认。单击确定按钮,完成倒斜角特征创建,如图 6-11 所示。

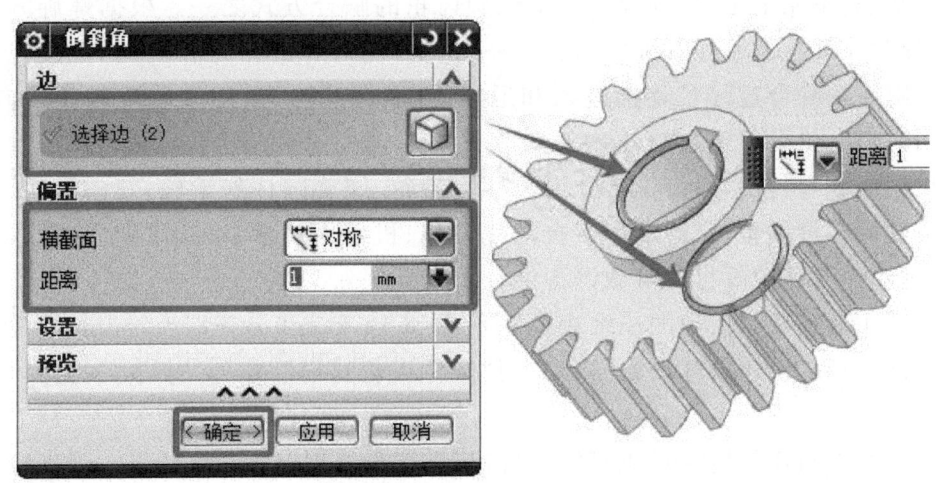

图 6-11　倒斜角特征创建

知识链接

表 6-2 中为直齿轮基本参数解释。

表 6-2 直齿轮基本参数

参数名	符号	解释	计算方法
模数	m	齿轮传动中非常重要的参数,用于定义轮齿的大小。模数越大,轮齿越大,反之则越小	$m = p/\pi$ p 为分度圆齿距
齿数	Z	一个齿轮的轮齿总数。齿数的多少直接影响到齿轮的传动比和转速	根据传动比、转速等设计要求确定或给定
压力角	α	齿相对于节线的法线倾斜的角度,它是决定齿轮齿廓形状的主要参数	一般取 20°
分度圆直径	d	为方便齿轮设计和制造而选择的尺寸参考圆。其直径等于齿数与模数的乘积	$d = m \times Z$

6.2.2 任务2

1. 任务分析

斜齿轮的齿线沿着圆柱面螺旋缠绕,是一种圆柱齿轮。其齿线相对于齿轮轴处于歪斜状态,不完全是螺旋齿轮,而是螺旋齿轮的啮合方式之一。根据螺旋方向不同,可分为左旋斜齿轮和右旋斜齿轮。一对斜齿轮的螺旋角是相同的,但旋转方向相反。斜齿轮啮合过程是逐渐进入和退出的,因此冲击、振动和噪声较小,传动平稳。同时斜齿轮可以通过减小中心距来提高传动的承载能力,适用于高速重载场合。根据用途和特性,斜齿轮可分为圆柱斜齿轮、螺旋圆柱斜齿轮、双斜齿轮、交错轴斜齿轮等多种类型,广泛应用于自动化设备、机器人技术、汽车工业、冶金、矿山、化工、运输以及建筑等行业机械设备中。

本节主要完成斜齿轮的三维建模任务,图 6-12 和表 6-3 分别为斜齿轮零件工程图、斜齿轮参数表,建模过程中需要应用"圆柱齿轮建模""拉伸""阵列""倒斜角"等命令。

在本节中同样使用"GC 工具箱"对齿轮进行模型创建以及修改等。斜齿轮的建模过程为:"GC 工具箱"→齿轮建模→圆柱齿轮建模→创建齿轮→斜齿轮、外啮合、滚齿→确定→渐开线圆柱齿轮参数(参数修改)→确定。

项目6 综合案例二

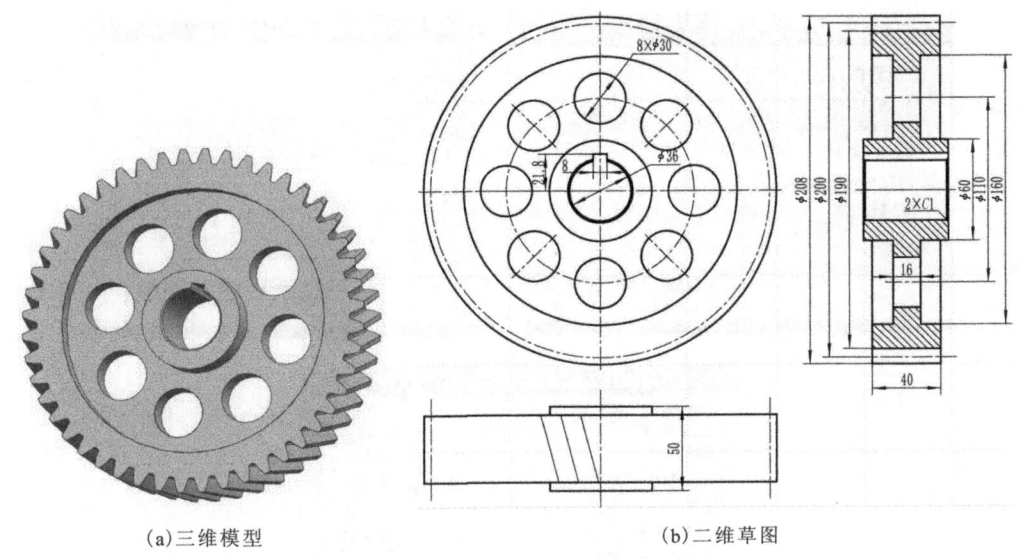

(a)三维模型   (b)二维草图

图 6-12 斜齿轮零件工程图

表 6-3 斜齿轮参数表

参数名	模数 m/mm	齿数 Z/个	压力角 α/(°)	螺旋角 β/(°)	旋向
参数值	4	48	20	16.28	左旋

2. 实施过程

1)创建模型文件

在"新建"窗口中,选择文件类型"模型";输入文件名称"xie chi lun";选择文件保存路径,如"C:\Program Files\Siemens\NX8.5\UGII";单击"确定"按钮。

2)创建斜齿轮基本体

在建模主页中找到"GC 工具箱"位置并单击,选择"创建齿轮"中的圆柱齿轮建模,得到"渐开线圆柱齿轮建模"对话框,选取齿轮操作方式为"创建齿轮"。定义渐开线圆柱齿轮的类型,分别选择"斜齿轮""外啮合齿轮""滚齿"的加工方式。编辑渐开线圆柱齿轮参数,选择"标准齿轮",齿轮名称为"斜齿轮",输入斜齿轮主要参数(参照表 6-3),其他参数选择默认并单击"确定"按钮,如图 6-13 所示。

定义渐开线圆柱齿轮矢量,选择 z 轴。定义渐开线圆柱齿轮插入点,选择 XY 原点,即为齿轮底部圆心(坐标值"0,0,0")。单击"确定"按钮,完成直齿圆柱齿轮创建,如图 6-14 所示。

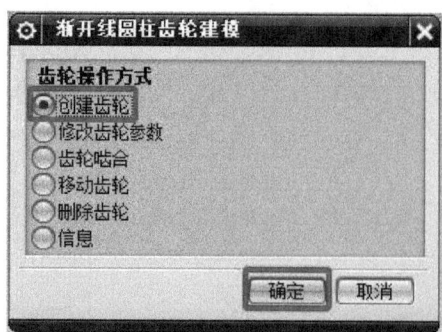
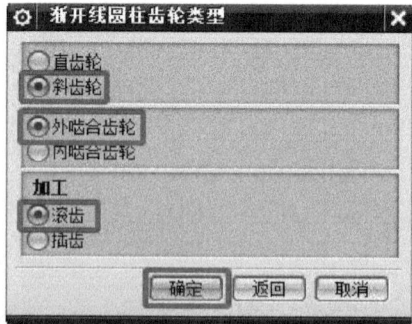
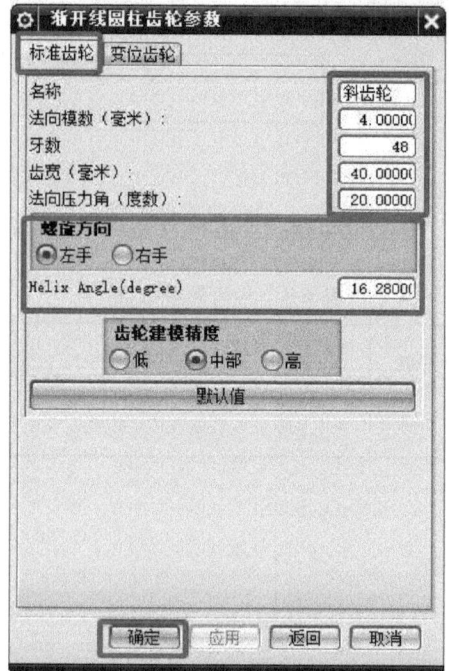

图 6-13 斜齿轮参数编辑

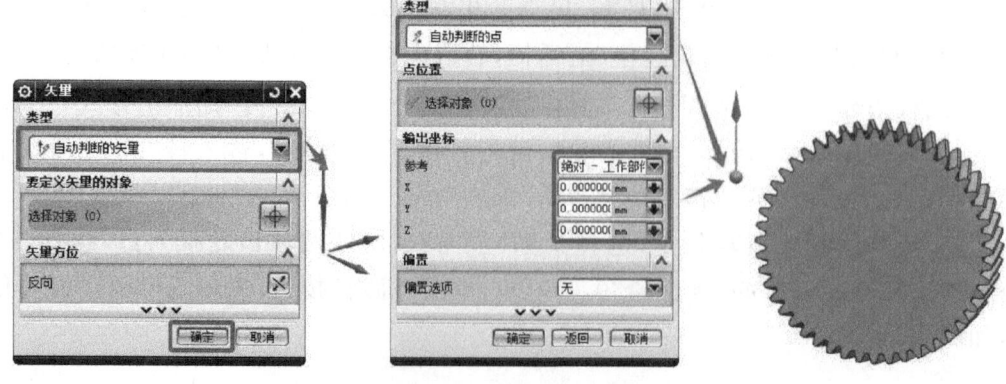

图 6-14 斜齿轮基本体

3)创建斜齿轮腹板特征

选择"插入"命令中的"设计特征",点击"拉伸"命令,弹出"拉伸"对话框。选择"选择曲线"栏的"绘制截面",弹出"创建草图"对话框,在"创建草图"对话框中选择默认的 XY 平面作为草绘的基准平面,如图 6-15 所示。单击"确定"按钮,进入二维草图绘制界面,以坐标原点为圆心,绘制 $\phi 160$ 的圆,单击"完成草图";弹出"拉伸"命令,在"限制"栏中,"开始"对话框中输入 0,"结束"对话框中输入 25,"指定矢量"选择 z 轴方向,生成圆柱体;"布尔"运算选择"求差","选择体"选择齿轮基本体,其他命令默认。单击"确定"按钮,完成齿轮腹板特征创建。同时以相同方式对齿轮另一面创建腹板特征,如图 6-16 所示。

图 6-15 斜齿轮腹板特征二维草图平面

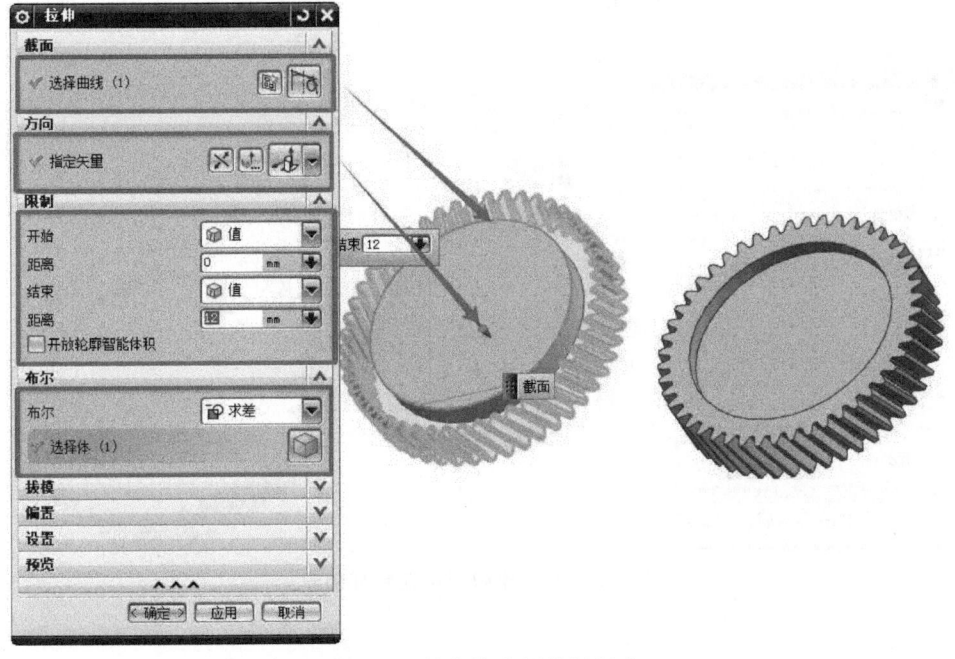

图 6-16 斜齿轮腹板特征创建

4)创建斜齿轮腹板孔特征

选择"插入"命令中的"设计特征",点击"拉伸"命令,弹出"拉伸"对话框。选择"选择曲线"栏的"绘制截面",弹出"创建草图"对话框,在"创建草图"对话框中选择腹板特征的圆柱底面作为草绘的基准平面,如图6-17所示。单击"确定"按钮,进入二维草图绘制界面,绘制 $\phi 30$ 的圆,圆心位于以齿轮中心为圆心的 $\phi 110$ 参考圆与 y 轴交线上,如图6-18所示。

单击"完成草图",弹出"拉伸"命令,在"限制"栏中,"开始"对话框中输入0,"结束"对话框中选择贯通,"指定矢量"选择 z 轴方向,生成通孔截面;"布尔"运算选择"求差","选择体"选择齿轮基本体,其他命令默认。单击"确定"按钮,完成斜齿轮腹板单孔特征创建,如图6-19所示。

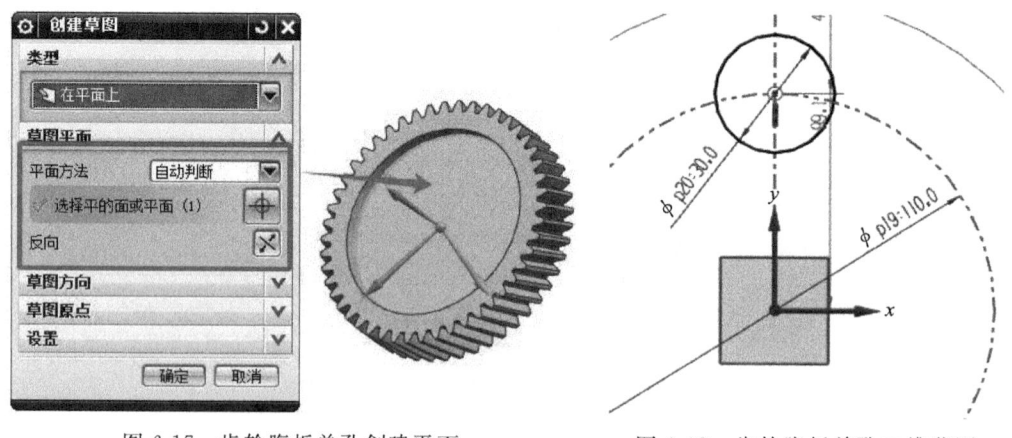

图6-17 齿轮腹板单孔创建平面　　图6-18 齿轮腹板单孔二维草图

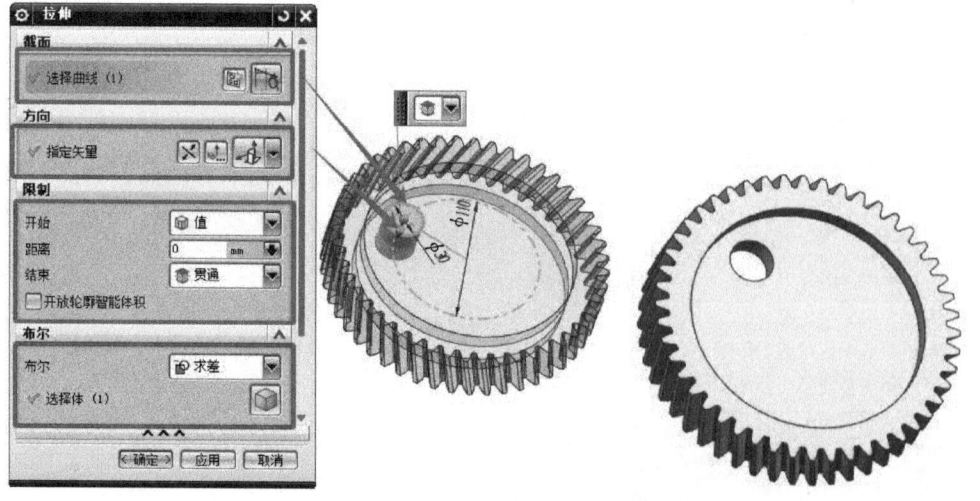

图6-19 斜齿轮腹板单孔特征创建

选择"插入"命令中的"关联复制",点击"阵列特征"命令,弹出"阵列特征"对话框。在"选择特征"中选择上一步骤中完成的孔特征;"阵列定义"中的布局选择"圆形","旋转轴"栏的"指定矢量"选择 z 轴,"指定点"选择齿轮中心;"角度方向"选择"数量和节距",数量输入 8,节距角输入 45°。单击"确定"按钮,完成斜齿轮腹板孔特征创建,如图 6-20 所示。

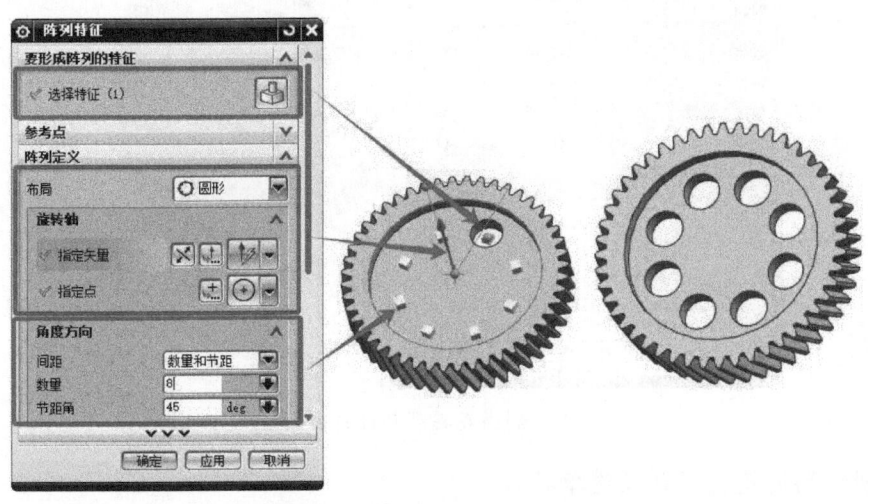

图 6-20　斜齿轮腹板孔特征创建

5)创建斜齿轮轮毂圆柱特征

选择"插入"命令中的"设计特征",点击"拉伸"命令,弹出"拉伸"对话框。选择"选择曲线"栏的"绘制截面",弹出"创建草图"对话框,在"创建草图"对话框中选择腹板平面作为二维草绘的基准平面,如图 6-21 所示。单击"确定"按钮,进入二维草图绘制界面,以齿轮中点为圆心,绘制 $\phi 60$ 的圆,单击"完成草图";弹出"拉伸"命令,在"限制"栏中,"开始"对话框中输入 -33,"结束"对话框中输入 17,

图 6-21　斜齿轮轮毂圆柱特征基准面

"指定矢量"选择 z 轴方向,生成圆柱体;"布尔"运算选择"求和","选择体"选择齿轮基本体,其他命令默认。单击"确定"按钮,完成斜齿轮轮毂圆柱特征创建,如图 6-22 所示。

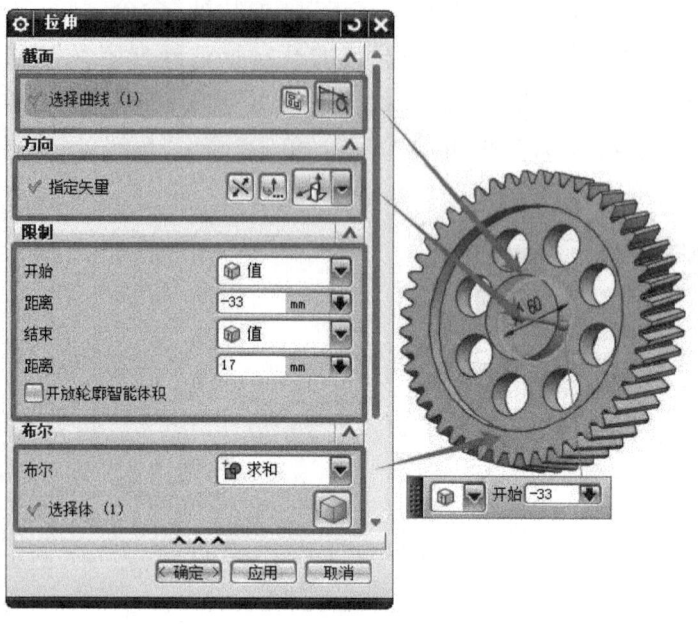

图 6-22　斜齿轮轮毂圆柱特征创建

6）创建斜齿轮轮毂孔及键槽特征

选择"插入"命令中的"设计特征",点击"拉伸"命令,弹出"拉伸"对话框。选择"选择曲线"栏的"绘制截面",弹出"创建草图"对话框,在"创建草图"对话框中选择齿轮轮毂圆柱特征面作为草绘的基准平面。单击"确定"按钮,进入二维草图绘制界面,以齿轮中心为圆心,绘制如图 6-23 所示的二维草图,单击"完成草图";弹出"拉伸"命令,在"限制"栏中,"开始"对话框中输入 0,"结束"对话框中选择贯通,"指定矢量"选择 z 轴方向,生成通槽截面;"布尔"运算选择"求差","选择体"选择齿轮基本体和圆柱体,其他命令默认。单击"确定"按钮,完成齿轮轮毂孔及键槽特征创

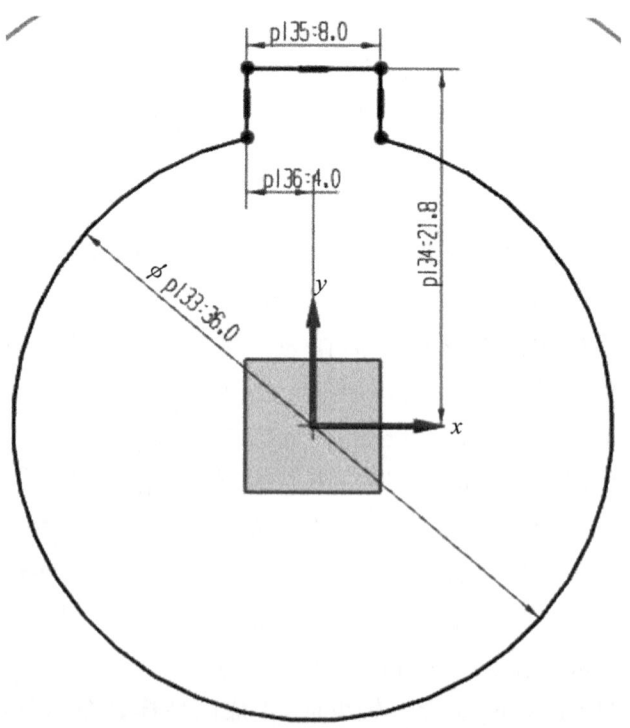

图 6-23　轮毂孔及键槽二维草图

建,如图 6-24 所示。

图 6-24　斜齿轮轮毂孔及键槽特征创建

7) 创建斜倒角特征

选择"插入"命令中的"细节特征",点击"倒斜角"命令,弹出"倒斜角"对话框。"选择边"分别选择绘图区域 φ36 通孔的两条圆弧,"偏置"栏选择"对称"偏置,"距离"对话框中输入 1,其他各项默认。单击"确定"按钮,完成倒斜角特征创建,如图 6-25 所示。

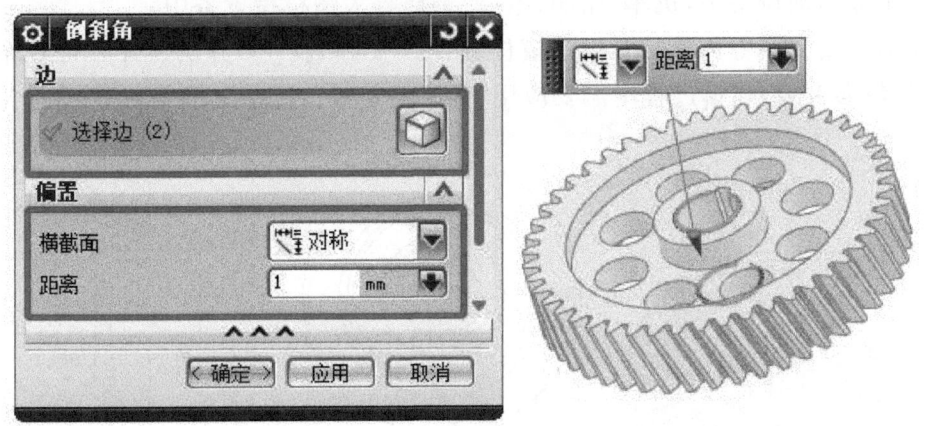

图 6-25　倒斜角特征创建

知识链接

螺旋角,通常用 β 表示,是指在圆柱或圆锥面上,螺旋线的切线与通过切点的圆柱面或圆锥面直母线之间所夹的锐角。在齿轮中,它反映了轮齿的倾斜程度;在螺纹和钻头中,则与加工效率和性能密切相关。在齿轮传动中,增大螺旋角可以增大轴向重合度,提高传动的平稳性和降低噪声,但也会增大轴向力。在螺纹加工和钻头切削中,螺旋角的大小会影响加工效率和切削性能。一般来说,适当的螺旋角可以提高加工效率,但过大的螺旋角可能会降低切削刃的强度。通过调整螺旋角的大小,可以在一定程度上优化机械的性能和结构。

螺旋角的旋向通常指螺旋线的旋转方向,对于圆柱螺旋线来说,旋向可以是左旋或右旋。判别螺旋线的旋向时,可以观察螺旋线的走向或根据具体的加工和应用需求来确定。在螺纹中,左旋螺纹和右旋螺纹的判别方法包括观察螺纹的倾斜方向、使用螺纹规进行测量等。

6.2.3 任务3

1. 任务分析

锥齿轮的分度曲面为圆锥面,用于传递两相交轴之间的运动和动力。按齿线方向可分为直齿锥齿轮、斜齿锥齿轮、曲线齿锥齿轮(如弧齿锥齿轮、摆线齿锥齿轮等)。主要参数包括模数、齿数、螺旋角、分度圆直径以及顶锥角、根锥角等。直齿锥齿轮的齿线为直线,齿面平直,结构简单,但传动平稳性相对较差。斜齿锥齿轮的齿线为斜线,传动平稳性好,承载能力强,适用于高速重载场合。曲线齿锥齿轮的齿线在分度锥上呈螺旋线,传动平稳且承载能力强,广泛应用于各种高精度传动系统。锥齿轮广泛应用于各种需要改变传动轴方向的机械传动系统中,如机床、轧钢机、起重机等工业传动设备中,机车、船舶、电厂、钢厂等大型机械设备中。

本节主要完成锥齿轮的三维建模任务,图6-26和表6-4分别为锥齿轮零件工程图、锥齿轮参数表,建模过程中需要应用"锥齿轮建模""拉伸""倒斜角"等命令。

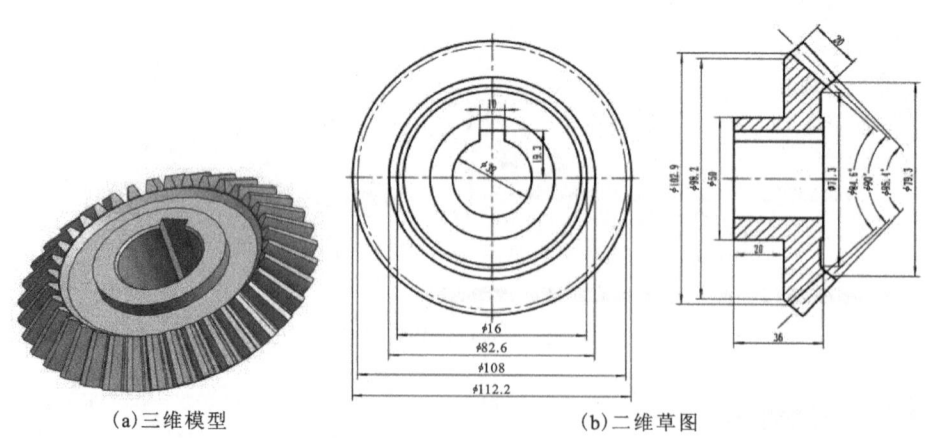

(a)三维模型　　　　　　　　　(b)二维草图

图6-26　锥齿轮零件工程图

表 6-4 锥齿轮参数表

参数名	大端端面模数 m	齿数 Z/个	压力角 α	螺旋角 β	切向/径向变位系数	齿顶高系数	齿顶隙系数
参数值	3	36	20°	16.28°	0	1	0.2

在本节中同样使用"GC 工具箱"对齿轮进行模型创建以及修改等。锥齿轮的建模过程为:"GC 工具箱"→齿轮建模→锥齿轮建模→创建齿轮→直齿轮、等顶隙收缩齿→确定→圆锥齿轮参数(参数修改)→确定。

2. 实施过程

1)创建模型文件

在"新建"窗口中,选择文件类型"模型";输入文件名称"zhui chi lun";选择文件保存路径,如"C:\Program Files\Siemens\NX8.5\UGII";单击"确定"按钮。

2)创建锥齿轮基本体

在建模主页中找到"GC 工具箱"位置并单击,选择"创建齿轮"中的锥齿轮建模,得到"锥齿轮建模"对话框,选取齿轮操作方式为"创建齿轮"。定义圆锥齿轮的类型,分别选择"直齿轮"以及"等顶隙收缩齿"的齿高形式。编辑圆锥齿轮参数,齿轮名称为"斜齿轮",输入锥齿轮主要参数(参照表 6-4),其他参数选择默认并单击"确定"按钮,如图 6-27 所示。

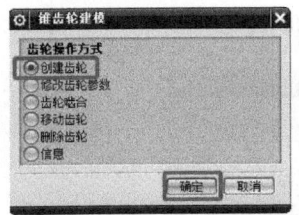
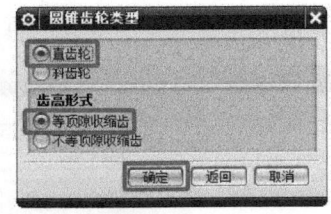
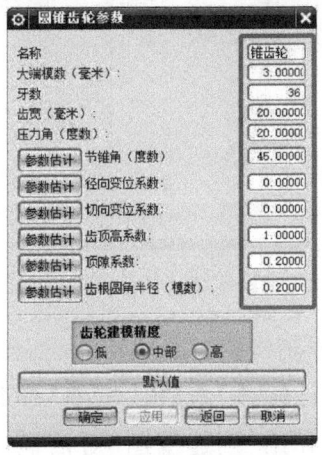

图 6-27 锥齿轮参数编辑

定义圆锥齿轮矢量,选择 z 轴。定义圆锥齿轮插入点,选择 XY 原点,即为圆锥齿轮锥形顶部尖角点(坐标值"0,0,0")。单击"确定"按钮,完成锥齿轮创建,如图 6-28 所示。

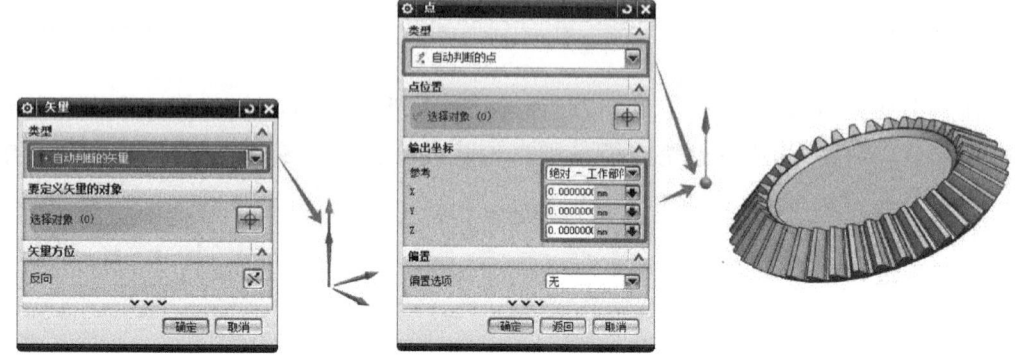

图 6-28　锥齿轮基本体

3)创建锥齿轮圆柱体特征

选择"插入"命令中的"设计特征",点击"拉伸"命令,弹出"拉伸"对话框。选择"选择曲线"栏的"绘制截面",弹出"创建草图"对话框,在"创建草图"对话框中选择锥齿轮底部作为草绘的基准平面,如图 6-29 所示。单击"确定"按钮,进入二维草图绘制界面,以坐标原点为圆心,绘制 ϕ50 的圆,单击"完成草图";弹出"拉伸"命令,在"限制"栏中,"开始"对话框中输入—20,"结束"对话框中输入 16,"指定矢量"选择 z 轴方向,生成圆柱体;"布尔"运算选择"求和","选择体"选择齿轮基本体,其他命令默认。单击"确定"按钮,完成锥齿轮圆柱特征创建,如图 6-30 所示。

图 6-29　锥齿轮圆柱体特征二维草图平面

4)创建锥齿轮孔及键槽特征

选择"插入"命令中的"设计特征",点击"拉伸"命令,弹出"拉伸"对话框。选择"选择曲线"栏的"绘制截面",弹出"创建草图"对话框,在"创建草图"对话框中选择

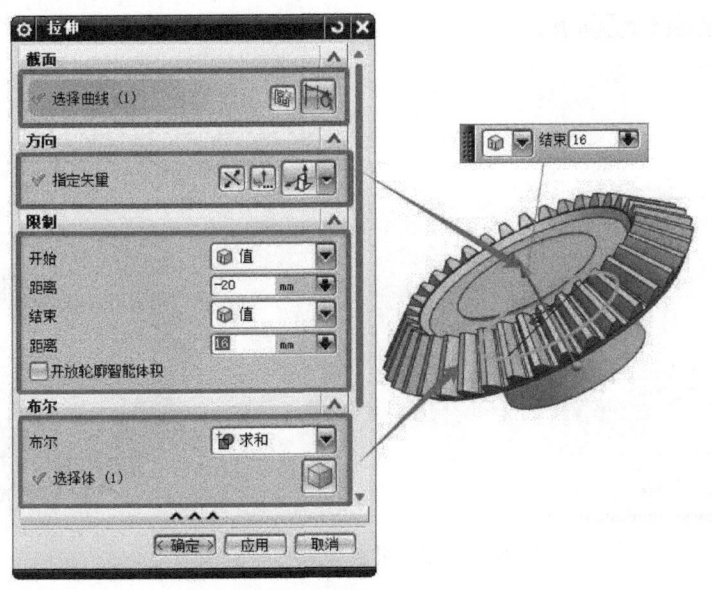

图 6-30　锥齿轮圆柱体特征创建

锥齿轮圆柱特征的圆柱底面作为草绘的基准平面,如图 6-31 所示。单击"确定"按钮,进入二维草图绘制界面,绘制如图 6-32 所示的二维草图。

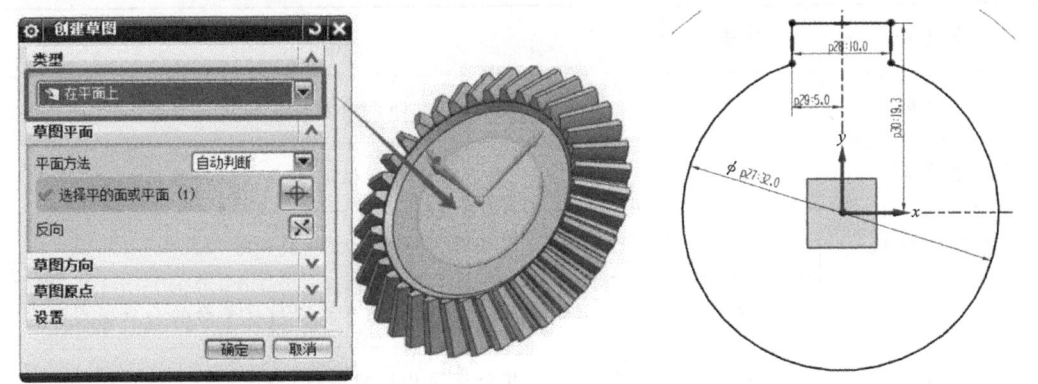

图 6-31　锥齿轮孔及键槽特征创建平面　　　　图 6-32　锥齿轮孔及键槽特征二维草图

单击"完成草图",弹出"拉伸"命令,在"限制"栏中,"开始"对话框中输入 0,"结束"对话框中选择贯通,"指定矢量"选择 z 轴负方向,生成通孔截面;"布尔"运算选择"求差","选择体"选择齿轮基本体,其他命令默认。单击"确定"按钮,完成锥齿轮孔及键槽特征创建,如图 6-33 所示。

知识链接

锥齿轮作为一种特殊的齿轮类型,具有一些独特的参数,其参数涵盖了从基本尺寸(如齿数、模数)到几何形状(如顶锥角、根锥角、分锥角)的多个方面。这些参数

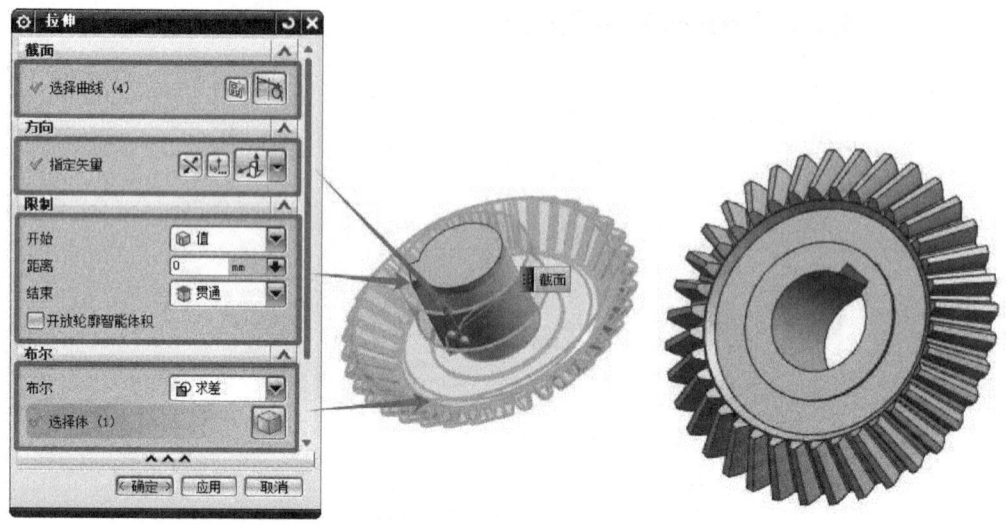

图 6-33　锥齿轮孔及键槽特征创建

共同决定了锥齿轮的传动性能、承载能力和使用寿命,在设计和制造过程中起着关键作用。表 6-5 中为锥齿轮各参数。

表 6-5　锥齿轮各参数

参数名	符号	解释
顶锥角	δ	锥齿轮顶部齿顶圆所在圆锥的锥角
根锥角	δf	锥齿轮根部齿根圆所在圆锥的锥角
螺旋角	β	斜齿锥齿轮齿线的倾斜角度
面锥距	R	从锥齿轮的锥顶点到分度圆所在平面的垂直距离
背锥距	Rb	背锥(与大端分度圆相切的圆锥)锥顶点到齿轮轴线的距离
当量齿数	Zv	将锥齿轮转化为假想的直齿圆柱齿轮时对应的齿数
分锥角(节锥角)	δm	锥齿轮分度圆所在的圆锥的锥角

6.3　综合练习

请根据图 6-34、图 6-35 中齿轮零件尺寸进行三维构图。

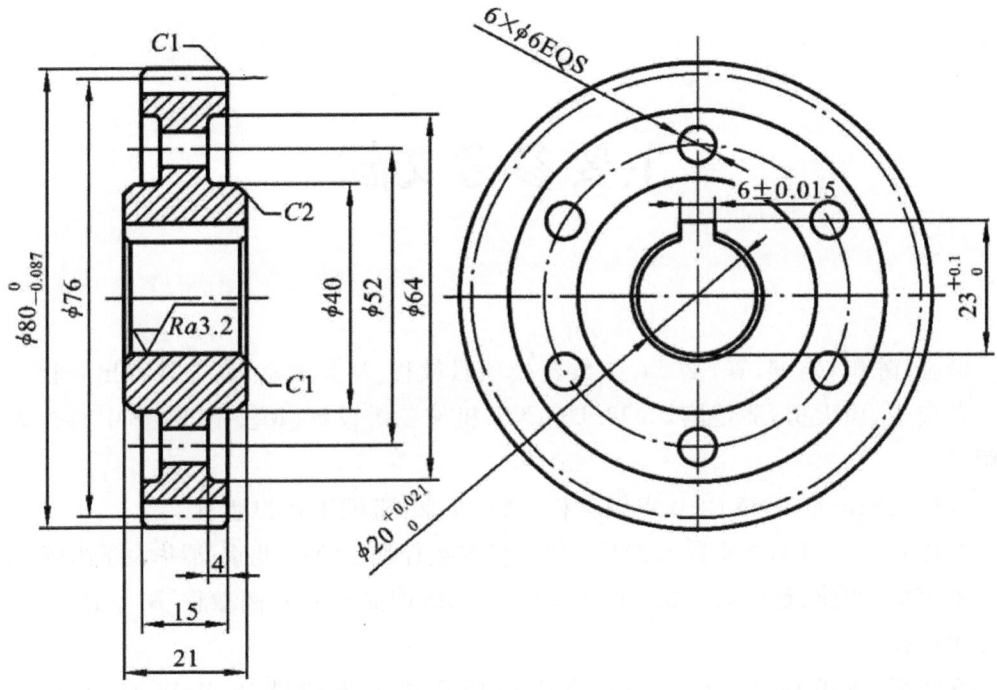

图 6-34 齿轮零件 1

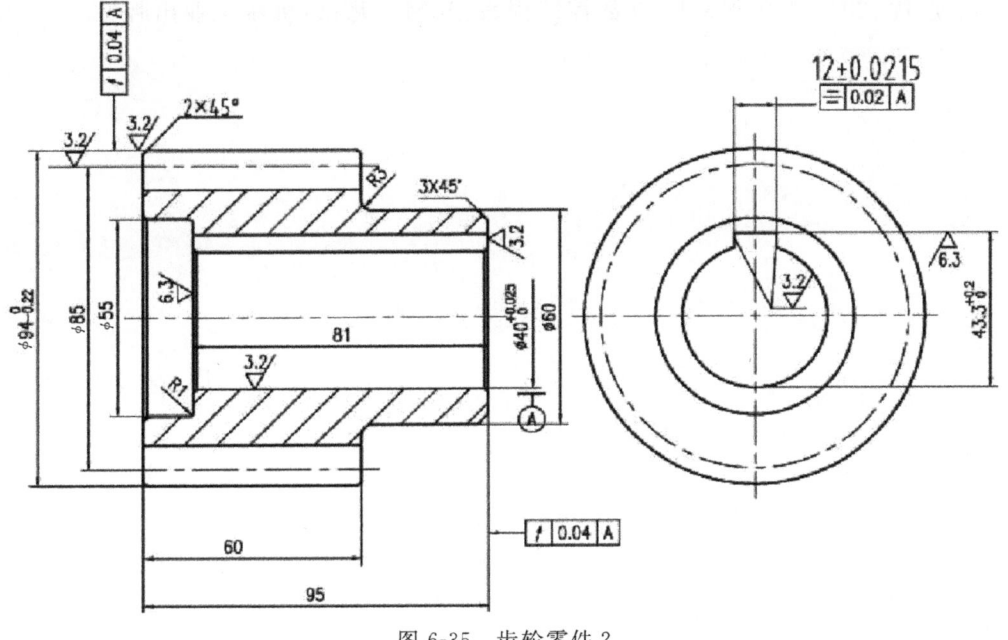

图 6-35 齿轮零件 2

主要参考文献

耿强,陈震,刘娜,等,2014.三维建模项目教程[M].北京:高等教育出版社.

黄庆华,唐大勇,潘楚滨,2022.UG NX 机械三维设计[M].武汉:华中科技大学出版社.

江健,2023.UG NX12.0 实例教程[M].北京:机械工业出版社.

刘佳坤,2023.UG NX 12.0 产品三维建模与数控加工[M].北京:清华大学出版社.

刘军华,张侠,徐波,2023.UG NX 12.0 机械产品设计实例教程[M].北京:机械工业出版社.

文清平,李勇兵,2021.工业机器人应用系统三维建模(SolidWorks)第 2 版[M].北京:高等教育出版社.

展迪优,2015.UG NX 10.0 数控编程教程[M].北京:机械工业出版社.